귀농, 희망을 심다

흙을 선택한 사람들

| 일러두기 |

읽는 이의 이해를 돕기 위해 귀농인과 인터뷰한 날짜를 제목 아래에 적었습니다. 인터뷰 이후 귀농인의 생활은 많이 달라져 있을 수 있습니다.

귀농, 희망을 심다
흙을 선택한 사람들

한현묵

심미안

서문

귀농은 자연이 준 선물이다. 아무리 귀농하고 싶어도 이런 저런 이유로 실행에 옮기지 못하는 이들이 많다. 수년째 예비 귀농인으로 살아간다. 그 반대의 경우도 있다. 등산을 갔다가 TV를 보다가 풍광에 반해서 앞뒤 가리지 않고 무작정 귀농을 한 사람들이다. 이런 걸 보면 의지보다는 자연과 조건이 허락하지 않으면 귀농생활을 할 수 없다는 생각이 든다.

경기가 어려울수록 귀농 인구는 증가한다. 코로나19로 불황을 겪던 시기인 2021년 귀농 인구는 51만 명으로 절정에 달했다. 하지만 2024년에는 경기가 회복되면서 귀농 인구는 7만 명 가량 줄었다. 전체 귀농 인구의 20% 이상은 퇴직자다. 어릴 때 농촌에서 나고 자라 농촌 경험이 있는 베이비 부머(1955~1963년생) 세대의 귀농은 어쩌면 자연스런 현상일지 모른다.

이 책은 순전히 나의 고민에서 출발했다. 직장인으로 30여 년을 보낸 나는 몇해 전부터 퇴직 후 인생 2막을 어디서, 어떻게 보낼 것인가를 고민했다. 귀농도 그 고민 중의 하나였다. 시골에서 나고 자란 나는 부모님의 농사 짓는 모습을 곁에서 보고 자라서 그런지 귀농이 낯설지가 않았다.

다행히도 2023년 네이버에 '한현묵 귀농귀촌애'라는 주제로 귀농인들의 스토리를 기획기사로 쓰는 기회를 잡았다.

책상이 아닌 현장에서 귀농인들의 삶을 취재해 예비 귀농인들의 시행착오를 조금이라도 줄여주고 귀농의 방향을 잡아주는 나침판 역할을 하고 싶었다.

2023년부터 3년간 예비 귀농인들에게 도움이 될 만한 전국의 귀농인들을 찾아다녔다. 처음에는 지자체와 농림축산식품부 귀농귀촌종합센터의 우수사례를 참고했다. 취재하면서 알게 된 귀농인이 또 다른 귀농인을 소개하고 추천하면서 그 범위는 다양하고 넓어졌다.

그동안 귀농해 사는 50여 명을 직접 만났다. 다양한 사람과 다양한 작물을 취재했다. 귀농의 이유는 각양각색이었다. 사업 실패로, 직장생활의 탈출구로, 건강 회복을 위해…. 이유는 달랐지만 귀농의 과정은 비슷했다. 농촌이라는 삶의 토대가 비슷해 귀농인들의 정착 과정이 크게 다르지 않았다.

안타깝지만 농촌과 농촌 사람들의 특성을 잘 이해하지 못하고 무작정 귀농했다가 오히려 다시 돌아가는 역귀농인도 있었다.

　반대로 귀농으로 새로운 제2의 삶을 찾은 이들도 많았다. 일부 귀농인들은 단지 귀농생활에 그치지 않았다. 농업이라는 아이템으로 창업과 6차 산업까지 활용하면서 부농의 꿈을 이뤄가고 있다. 농촌에서 6차 산업의 아이템을 찾아 성공하는 경우다. 단지 농사만 짓는 게 아니다. 자신이 생산한 먹거리를 디자인과 마켓팅을 차별화해 성공 모델을 만드는 것이다. 이는 주로 청년 귀농 모델이다. 도시 청년들이 귀농하면 성공의 확률이 매우 높다. 청년에게 지원하는 지원책이 많은 데다 번뜩이는 아이디어로 차별화된 아이템을 발굴해내기 때문이다.

　그동안 취재한 50명 가운데 35명의 스토리를 8가지 주제로 나눠 귀농 계기와 정착 과정, 실패와 성공담 등을 이 책에 담았다. 예비 귀농인이 실제 작물을 재배해도 부족함이 없도록 작물의 특성과 시행착오 과정을 여과 없이 소개했다.

　부록도 있다. 예비 귀농인에게 도움이 되는 자료다. 귀농의 절차와 정책 지원, 귀농 교육, 농지와 주택 구입 자금 등 당장 필요한 정보를 일목요연하게 담았다. 농림수산식품교육문화정보원의 귀농·귀촌종합상담 매뉴얼을 참고했다. 또 귀농 후 현실적으로 도움을 받을 수 있는 전남도와 한국농어촌공사, aT(한국농수산식품유통공사)의 귀농 정보도 실었다.

  이 책이 나오기까지 도움을 주신 분들이 참 많다. 먼저 취재에 기꺼이 응해주신 귀농인들에게 감사한 마음을 전한다. 네이버에 연재를 허락해준 세계일보와 출판에 도움을 준 전남도·한국농어촌공사·aT, 김규웅·나요안·박정민·이천복·야운님에게도 감사의 인사를 전한다. 중국문화기행에 이어 10여 년 만에 교정과 편집에 도움을 준 심미안 송광룡 대표와 승진에 매진하고 있는 아내, 아들, 딸에게 고맙다는 말을 하고 싶다.

2025년 12월

한현묵

차례

서문
한현묵
4

제1장
흙과 젊음을 바꾼 청년 농부

**청춘 꿈 대신
대를 이은 멜론 농사**
이승용 우주농장 대표
14

**국대 축구선수 꿈 접고
5만 평 콩 농사**
황명선 초봄 대표
20

**낮엔 호두,
밤엔 공부하는 대학생**
임창욱 영암 유기농 호두농장 대표
26

**VIP요리사 스트레스
시골서 훌훌**
박재민 함안농부협동조합 이사장
32

**향기로 마음과 몸 치유
조향 전문가**
김규원 예유당 대표
38

**먼저 귀농한
아버지 곁으로**
조성훈 축령농원 대표
44

**호주 이민생활 접고
청년창업농 도전**
한선웅 천사농부 대표
50

**정년·퇴직 불안감 없는
딸기 농사**
강정구 딸기로움 대표
56

제2장
농사의 '농'자도 몰랐지만

방송서 귀농 프로그램 보고 무작정 귀농
한광오 하늘꿈 농원 대표
64

대학 교수에서 귀농인 컨설팅 변신 마을 활동가
김종탁 장흥군귀농어귀촌인연합회장
70

여수 대표 브랜드 동백 봉오리 떡 출시
양소영 고마리 대표
76

초인 발령지서 대박 난 딸기 농사
강갑선 경남 함양군 귀농귀촌연합회 부회장
82

제3장
"아파서 왔는데…" 자연치유

매출 100억 제과점보다 몸이 먼저
박귀심 전 박찬회 화과자 대표
90

전통주 빚으니 폐암 말기 완치
함지애 지애의 봄 향기 대표
96

백약이 무효이던 아토피, 작두콩차 마시니 깨끗
홍여신 도두맘 대표
102

제4장
실패·좌절에서 피어난 용기와 희망

하수오 수확 직전 물난리 억대 빚더미
나성룡 광양귀농귀촌협회장
110

식용곤충 혐오식품 낙인 바닥난 통장 잔고
김동재 브라운파머스 대표
116

10년 만에 첫 호두 수확
강학도 웰빙호두 농원 대표
122

7년 만에 찾은 샤인머스켓
김재호 재호팜 대표
128

제5장
부농 꿈꾸는 고소득 작물

열대 작물 신기술 보급
박철경 열대정글농장 대표
136

커피 원산지 에티오피아에 역수출
차상화 마이크로맥스 영농조합 대표
142

산양삼으로 인생 역전
박주호 안젤라농원 대표
148

인생을 바꾼 고소득 작물 하이드렌티아
김민주 김일병 농장 대표
154

아주 생소한 과일 흑노호 선구자
최용학 연제농원 대표
160

국내 신품종 블랙베리 옥수수 개발
김철환 나비팜 영농조합법인 대표
166

제6장
농사도 세일즈 시대

한 달에 새싹삼 30만 주 판매
이선호 아이니 새싹삼 대표
174

고구마 연중 온라인 판매
정창안 농바름 이사
180

내가 만든 농기구 전국서 인기
최은식 쉼터 대장간 대표
186

고택에 복합문화공간 고객들 북적북적
남우진·기애자 3917마중 공동대표
192

제7장
다시 고향에서 늦깎이 농부로

홀로 계신 어머니 곁에서 보리수 농사
이영기 검산농장 대표
200

나이 쉰에 귀향 대규모 수박 농사
김광수 수농장 대표
206

늦깎이 귀농자에 안성맞춤 작물
김이환 영광귀농귀촌협의회장
212

제8장
귀농인 누구나 재배 가능한 두릅

두릅 신품종 개발·보급
이춘복 대한연합영농조합법인 대표
220

두 달 만에 1억 5,000만 원 고수익 두릅 촉성재배
김창신 시나브로 대표
226

타이어 장사 접고 두릅 농부 시작한 이유
장동균 무안명품농원 대표
232

부록
예비 귀농인을 위한 귀농 정보
239

제1장

흙과 젊음을 바꾼 청년 농부

청춘 꿈 대신
대를 이은
멜론 농사

이승용
우주농장 대표

아버지와 어머니는 국내 멜론 재배 1세대 농부다. 이 대표의 부모는 35년 전인 1990년 마을 사람들과 처음으로 논에 멜론을 심었다. 이 멜론 농사로 자녀들 학교를 보내고 가계를 꾸려왔다. 이 대표 가족에겐 멜론이 '효자 자식'이었다.

– 2025년 5월 29일 인터뷰

싸이클 국가대표 상비군에서 자전거 수입·판매, 7년째 멜론 재배. 2019년 전남 나주로 귀농한 '우주농장' 이승용 대표의 이력서다. 30℃를 오르내리던 2025년 5월 29일, 그는 비닐하우스에서 멜론 수확에 구슬땀을 흘렸다. 비닐하우스 안의 온도는 35℃가 넘어 가만히 서 있어도 땀이 절로 날 정도로 찜통이었다.

"이젠 이 정도 더위는 괜찮아요" 그는 아무렇지도 않은 듯 수확을 앞둔 멜론의 넷(껍질의 무늬) 상태를 한 개씩 확인했다. 2m 높이의 멜론 나무에는 수박 크기의 멜론이 하나씩만 달려 있다. 멜론 껍질의 무늬가 네트처럼 고르고 선명하게 나온 것은 상품이다. "상품이 많이 나와 다행이에요" 최고 상품을 만들기 위해 지난 몇 달간 흘린 땀을 보상이라도 받는 것처럼 기뻐했다.

운동선수를 꿈꾸던 청소년 시절

운동을 좋아했던 이 대표는 축구선수가 꿈이었다. 중학교 1학년 때 그는 운동을 정말 하고 싶었다. 하지만 그가 원하던 축구선수를 하기엔 너무 늦었다. 때마침 학교 체육교사의 도움으로 싸이클을 타게 됐다. 중·고등학교 때 국가대표 상비군으로 선발돼 소년체전과 전국체전에서 금메달을 따는 등 두각을 나타내면서 실업팀으로 갈 수 있었다. 하지만 당시 사스(SARS·중증급성호흡기증후군)가 확산되면서 태극마크를 달고 국제대회에 나가려던 그의 꿈은 이루지 못했다.

이 대표는 자전거 수입·판매 회사에 입사했다. "영업할 때 싸이클을 타고 다녔어요" 이 대표는 서울과 경기 등 수도권에 있는 자전거 동아리를 다니면서 활발히 영업 활동을 했다. 싸이클을 잘 알고 친화력도 좋아 판매왕에 오르기도 했으나 자신에게 주는 휴식기간이 필요했다. 무역업을 하고 싶었던 이 대표는 아이템 발굴과 시장조사를 하기 위해 말레이시아로 떠났다. 2년 간 말레이시아에서 자전거를 타면서 재충전의 기회를 가졌다.

2019년 1월, 그는 인생을 바꾸는 한 통의 전화를 받았다. "멜론 농사가 힘들어 더 이상 짓지 못하겠다"는 어머니의 하소연이었다. 결국 동네 사람한테 임대를 주기로 했다는 것이다. 이 대표는 마음이 아팠다. 아버지와 어머니는 국내 멜론 재배 1세대 농부다. 이 대표의 부모는 35년 전인 1990년 마을 사람들과 처음으로 논에 멜론을 심었다. 이 멜론 농사로 자녀들 학교를 보내고 가계를 꾸려왔다. 이 대표 가족에겐 멜론이 '효자 자식'이었다. 아버지가 먼저 돌아가시면서 어머니 혼자 멜론 재배를 해왔는데 이제 힘에 부쳐 농사를 짓지 못하는 한계 상황에 다다른 것이다.

이 대표의 고향 나주 세지면은 멜론으로 유명하다. 세지면의 70여 멜론 농가가 매년 올리는 농가소득은 200억 원이 넘는다. 이 마을은 국내에서 처음으로 겨울에 비닐하우스로 멜론을 생산하는 노하우를 가지고 있다. 세지면의 겨울 생산량은 전국 물량의 80%를 차지하고 있다.

"귀농하기로 결심했어요" 이 대표는 2019년 1월 말레이시아에서 짐을 싸서 어머니가 사는 고향 마을로 돌아왔다. 이 대표는 부모의 멜론 재배를 이어받았다. 다행히 정부 주관의 제2기 청년창업농에 선정됐다. 처음엔 어머니 혼자 짓던 비닐하우스 6동(1,320㎡·400평) 규모의 멜론 농사를 도왔다. 하지만 멜론 재배는 쉽지 않았다.

부모와 이웃에게 전수받은 멜론 재배법

"멜론은 물과 온도에 아주 민감해요" 비닐하우스의 야간 온도를 18~20℃로 유지하고 주간에는 30℃를 넘지 않아야 한다. 물도 땅의 습도를 보면서 적당히 줘야 한다. 물과 온도가 맞지 않으면 멜론을 수확해도 상품 가치가 크게 떨어져 제 가격을 받지 못해 헛농사를 짓게 된다. 이 대표는 당시 세지멜론연합회 총무인 이진섭 씨의 도움을 많이 받았다. 이 총무는 1년 365일 멜론 농사를 위해 날마다 어떤 일을 해야 되는지 기록한 '족보'를 가지고 있었다. 이 족보를 보고 그는 멜론 재배의 실패를 크게 줄였다.

어느 정도 멜론 재배 기술을 익힌 이 대표는 비닐하우스 3동을 새로 지었다. 그가 귀농한 후 멜론 재배 비닐하우스는 9동으로 늘어나 1만3,200㎡(4,000평)를 넘었다. 재배 면적으로 보면 세지면에서 손꼽을 정도로 넓다. 하지만 걱정도 늘었다. 인건비와 전기요금, 관리비 등이 만만찮게 들기 때문이다. 비닐하우스 온도 유지를 위해서 트는 온풍기의 전기요금이 매월 2,000만 원이 넘는다. 날씨가 추운 한겨울에는 전기요금이 이보다 훨씬 많이 나온다. 비닐하우스 관리를 위해서 1년 내내 외국인 근로자 2~3명이 상시 근무한다. 멜론을 정식하고 순따기를 할 때도 외국인의 손길이 필요하다. 매년 눈덩이처럼 불어나는 인건비를 감당하기가 버겁다.

청년농 이 대표에게 귀농의 현실은 녹록지 않았다. 도시와 달리 농업은 자연과 기후의 흐름에 따라 생활해야 한다. 때문에 이 대표는 계절마다 바뀌는 작업과 작물의 생장 속도에 맞춰 생활하고 있다. 귀농 초기 선충으로 비닐하우스 1동의 멜론을 다 뽑아내야 하는 피해

를 입었다. 농장의 쉼터와 창고로 쓰던 곳에 화재가 나서 모든 것이 타버리는 아픔을 견뎌야 했다.

이 대표는 귀농 후 스마트 관개 시스템과 온실 환경 자동제어 시스템을 도입했다. 농업에 데이터 기반과 기술을 접목한 것이다. 작물 생육 상태를 실시간으로 파악하고 생육 데이터를 기반으로 비료량과 수분 공급을 조절하는 'IT 농업 프로젝트'로 바꿨다.

"귀농을 후회하지 않느냐?"는 물음에 그는 오히려 늦게 귀농한 것을 후회한다고 답했다. 좀 더 일찍 알았더라면 청년창업농에 선정돼 농사로 군 복무를 대신했을 수도 있었다고 아쉬워 했다. 이 대표는 부모에 이어 멜론 재배 2세대라는 자부심을 갖고 있다. 까다롭고 예민한 멜론 재배 방법을 부모와 마을 사람들에게 전수받아 시행착오를 크게 줄였다고 했다.

멜론 농사의 전망은 밝다. 한겨울 멜론 5kg당(3개 정도) 가격은 20만 원이 넘는다. 봄과 여름철보다 10배가 넘는 가격이다. 겨울철 수요가 매년 늘어나지만 물량이 없어 판매를 하지 못할 정도다. 겨울철 멜론 재배가 그만큼 쉽지 않다는 얘기다. 이 대표는 그동안의 노하우를 종합적으로 분석해 겨울철에도 다른 계절처럼 수확량을 내는 재배법을 찾고 있다.

이 대표의 멜론 매출은 한 해 6억~8억 원이다. 비용을 뺀 순이익을 보면 직장인보다 훨씬 많은 연봉이다.

예비 귀농인에게 하고픈 당부

이 대표는 예비 귀농인에게 사전에 어떤 작물을 재배할 것인지를 먼저 선택하는 게 중요하다고 조언했다. 작목을 선정했다면 반드시 멘토를 만나 현장에서 직접 실습을 해 보라고 권유했다. 그도 예비 귀농인을 대상으로 멜론 재배의 멘토를 하고 있다. 농촌생활의 현실은 미디어에 나오는 낭만만 있는 게 아니라는 것이다. 현장 답사와 작물에 대한 이해, 농가 수익 구조에 대한 분석이 필요하다. 단기간 수익보다는 중장기적 계획을 세우고 최소한 2~3년은 준비 기간으로 삼을 것을 권장했다.

"농업의 기술을 접목하는 준비도 중요하죠" 그는 작물의 생육 데이터를 기록하고 분석해야 우수한 품질의 과수를 얻을 수 있다고 했다. 그는 또 농산물 브랜딩의 중요성을 강조했다. 단순히 농산물을 생산하는 것을 넘어서 '어떻게 생산하고, 어떤 가치로 키웠는지'에 대한 스토리를 함께 전달하는 것이 소비자에게 신뢰를 줄 수 있어서다.

그는 귀농해도 지역사회에서 사회활동을 열심히 하라고 당부했다. 그는 나주시체육회 이사와 전남 4-H연합회 대의원, 한국농업경영인 나주시연합회 사무처장을 지냈다. 귀농과 농사도 지역사회에서 얼마나 많은 정보를 교류하느냐에 따라 달라진다는 것이다.

국대 축구선수
꿈 접고
5만 평 콩 농사

황명선
초봄 대표

초보 농사꾼의 첫 수확량은 5t으로 일반적인 농사꾼 평균(8t)의 절반을 조금 넘었다. "비록 수확량은 적었지만 할 수 있다는 희망을 가졌어요" 황 대표는 첫 해 농사를 지어 보고 자신감이 생겼다. 낯설고 어려울 것만 같았던 콩 농사에서 좌절감보다는 희망을 본 것이다.
- 2024년 12월 20일 인터뷰

농업법인 '초봄' 황명선 대표는 27살의 청년이다. 2024년 12월 20일 전남 영광 홍농읍 농장에서 만난 그는 농한기지만 한가하지 않았다. 황 대표는 660㎡(200평) 규모의 비닐하우스에서 올해 재배한 콩 출하가 한창이었다. 이날도 황 대표는 광주에서 콩을 주문한 지인에게 배달을 나갔다. 비닐하우스를 가득 채웠던 콩 가마니는 채 10포대도 남지 않았다. 올해 9만9,000㎡(3만 평)의 들판에 콩을 심어 20t을 수확했다.

무너진 세상에서 콩을 건지다

황 대표의 원래 꿈은 국가대표 축구선수다. 그는 초등학교 때부터 대학 시절까지 축구선수로 뛰었다. 가슴에 태극마크를 달고 제2의 손흥민 선수가 되는 게 그의 인생 목표였다. 하지만 그런 꿈은 대학 2학년때 좌절됐다. 허벅지 근육이 파열되면서 더 이상 축구를 할 수 없게 된 것이다. 대학리그 선수에서 그의 축구 인생은 멈췄다.

"세상이 무너지는 것 같았어요" 황 대표는 축구공을 만질 수 없다는 생각에 좌절감이 몰려왔다. 축구선수가 아닌 삶을 한번도 생각해 본 적 없던 그는 방황했다. 황 대표는 '쉼'이 필요했다. 그는 미뤄왔던 군에 입대했다.

군복무 중 휴가 때 전남 영광 홍농에 사는 큰아버지를 찾아뵌 게 그의 인생의 전환점이 됐다. 큰아버지는 논 3만3,000㎡(1만 평)를 빌려줄 테니 콩을 재배해 보면 어떻겠느냐고 농사를 제안했다. 황 대표는 처음엔 손사래를 쳤지만 군에 복귀 후 마음이 달라졌다. "운동선수로 다져진 몸이라 농사를 지어도 괜찮을 것 같았어요" 육체

노동을 주로 하는 농사에 젊음을 바쳐 인생 승부를 내고 싶었다. 전역 무렵에 그는 틈날 때마다 SNS(소셜네트워크서비스)로 농사 공부를 했다.

전역 후 농사를 체험할 수 있는 기회가 왔다. 2021년 대학 3학년에 복학했지만 코로나19 시기로 온라인 수업이 대부분이었다.

그는 학교 대신 농촌을 택했다. 큰아버지가 빌려준 논 3만3,000㎡(1만 평)에 검은 콩과 노란 콩을 심었다. 콩을 심고 풀을 뽑는 농사는 난생처음이었다. 그래도 가을이 되니 콩을 수확했다. 초보 농사꾼의 첫 수확량은 5t으로 일반적인 농사꾼 평균(8t)의 절반을 조금 넘었다. "비록 수확량은 적었지만 할 수 있다는 희망을 가졌어요" 황 대표는 첫 해 농사를 지어 보고 자신감이 생겼다. 낯설고 어려울 것만 같았던 콩 농사에서 좌절감보다는 희망을 본 것이다.

투자를 아껴서는 안 된다

다음 해 그는 청년후계농업인을 신청했다. 다행히 대학 졸업 예정자는 청년후계농 신청이 가능했다. 본격적인 농사에 뛰어든 것이다. 청년후계농에 선정되니 정부의 각종 지원 혜택이 뒤따랐다.

1억 원을 대출받아 콩을 재배할 논을 샀다. 농어촌공사의 농지은 행에서는 논을 임대했다. 귀농 2년차에 콩 재배 면적은 6만6,000㎡ (2만 평)를 넘었다. 귀농 생활비는 매월 110만 원이 나오는 귀농 바 우처 카드로 해결했다. 이 바우처 카드는 3년간 지원을 받는다.

콩 농사를 지으면 직불금을 받는다. 콩은 정부의 전략작물에 해 당돼 직불금 인센티브가 주어졌다.

귀농 3년차인 올해 황 대표는 콩 재배 면적을 9만9,000㎡(3만 평)로 늘렸다. 벼농사도 3만3,000㎡(1만 평)를 짓는다. 그동안 그는 콩을 재배할 논과 밭을 꾸준하게 사들이거나 임대를 했다. "마을 주 민들이 콩 농사를 지어 보라고 임대를 주는 경우도 많아요" 콩 농사 를 지켜보던 마을 사람들의 시선이 달라졌다. 처음 황 대표가 논에 콩을 심을 때만 해도 '저게 되겠느냐?'라며 반신반의하는 마을 사람 들이 많았다. 하지만 귀농 3년차가 되자 마을 사람들은 황 대표를 바라보는 태도가 바뀌기 시작한 것이다.

본격적인 콩 농사를 위해 황 대표는 농기계를 구입했다. 수천만 원에 달하는 트랙터 한 대가 농부 몇 명의 몫을 해냈다. 농기계 사는 데 드는 비용이 아깝지 않았다.

올해 콩 수확량은 20t으로 지난해보다 30%가량 늘었다. 매출 은 1억 원가량을 올렸다. 콩 농사 외에 짓는 벼농사와 드론사업으로 6,000만 원을 벌었다. 그는 순이익이 얼마냐는 질문에 "대기업 직장 다니는 것보다 나은 것 같다"고 했다. 그는 내년에 콩 재배면적으로 18만1,500㎡(5만5,000평)로 늘릴 계획이다.

황 대표의 농사 멘토는 귀농인들의 SNS단톡방이다. "청년 귀농인들의 농사 소통 창구예요." 그는 단톡방에 농사 관련 질문을 하면 원하는 답을 누군가가 올려준다고 했다.

뿐만 아니다. 그는 3년간 콩 농사를 하면서 노하우를 터득했다. 콩 농사에서 가장 중요한 것은 풀이다. 콩 밭의 풀을 어떻게 없애느냐가 한 해 농사를 좌우한다. 황 대표는 그동안 경험으로 콩 밭의 제초 방법을 터득했다. 콩을 심을 때 제초제로 풀의 싹을 없애는 게 가장 먼저 할 일이다. 다음엔 콩이 어느 정도 자라면 드론으로 제초제를 살포한다. 마지막에는 콩이 다 자라면 사람이 농약을 살포한다. 이렇게 하면 콩 밭의 풀을 잡을 수 있다.

콩의 판로에 대해서도 황 대표는 걱정하지 않는다. "노란 콩은 정부가 수매를 해요" 비교적 재배가 쉽고 수확량이 많은 노란 콩은 정부가 대부분 수매를 한다. 검정 콩의 판로는 지인 네트워크를 활용하고 있다. 부모는 물론 친구 등의 소개로 판매망을 넓혀가고 있다. 검정콩은 건강식품 등으로 인기가 많아 벌써 거의 팔렸다. 검정 콩은 재배가 까다로워 수확량이 노란 콩보다 적은 편이다.

미래는 농촌이 희망이다

황 대표 귀농의 가장 큰 걸림돌은 외로움이다. "오후 8시만 되면 동네 전체가 캄캄해요" 15가구가 사는 마을 사람 대부분은 고령자로 농사조차 지을 수 없다. 이날 찾은 마을은 낮인데도 인기척조차 없었다. 황 대표는 귀농의 외로움을 자동차로 한 시간이면 갈 수 있는 광주에서 친구들을 만나 푼다. 그는 귀농 3년 만에 일찍 자고 새벽 4시쯤 일어나는 '농사 시계'에 적응했다.

　황 대표는 예비 청년농에 주는 '정부 5억 지원 혜택'을 너무 믿지 말라고 당부했다. 청년농의 신용도 등 모든 조건이 갖춰질 때 최대 5억 원의 지원을 받을 수 있다는 것이다. 대부분의 청년농은 1억 원 안팎의 지원을 받고 있는 게 현실이다. 청년농이라도 신용도 등 조건에 따라 정부 지원금은 천차만별이다. 귀농할 경우 초기 투자 비용이 만만찮은 점도 예비 청년농이 신경써야 할 대목이라고 충고한다. 땅값이 워낙 비싸 원하는 땅을 구입하기도 쉽지 않다. 청년농이라 해도 농사를 지을 땅은 자신이 구해야 한다. 인터뷰 말미에 그가 한 말이 떠오른다. "앞으로 농촌이 희망이죠. 능력 있는 청년이 농업을 했으면 해요"

낮엔 호두, 밤엔 공부하는 대학생 농사꾼

임창욱
영암 유기농 호두농장 대표

대학생 농부의 가장 어려운 점이 뭐냐는 질문에 그는 주위의 시선을 꼽았다. "젊은 청년이 왜 농사를 짓느냐?" "무슨 이유로 이런 시골까지 내려왔느냐?"와 같은 주변의 부정적인 시선이 가장 부담스러웠다는 것이다. 시간이 지나고 마을 사람과 교류가 잦아지면서 이런 시선은 사라지고 있다.

– 2023년 8월 6일 인터뷰

폭염이 내리쬐던 2023년 8월 6일, 전남 영암의 '(주)영암 유기농 호두 농장'에서 대학생 농사꾼 임창욱 대표를 만났다. 호두 농장은 임야 19만8,000㎡(6만 평)다. 농장 입구에서 하늘과 맞닿아 있는 산을 좌우로 둘러봤지만 호두 농장은 한눈에 들어오지 않을 정도로 꽤 넓었다. 이날 임 대표는 차로 임도를 다니면서 호두 나무에 대해 자세하게 설명을 해줬다. "호두는 물을 싫어해요" 호두 나무의 특성을 한마디로 정리했다. 그래서 호두 나무는 물빠짐이 좋은 비탈진 산에 심어야 한다고 했다. 호두 나무가 왜 밭이 아닌 산에 많은지 그 이유를 알 수 있었다. 그러면서 그는 최근 비가 쉬지 않고 내리는 바람에 올해 작황이 너무 좋지 않다며 고개를 저었다. 주변의 상당수 호두 나무는 1주일째 햇볕 없이 계속 내린 비 때문인지 잎이 시들거나 말라 죽어가고 있었다.

스스로 선택한 호두 농사의 길

스물다섯 살의 대학생 농부, 그는 호두 나무에 진심이었다. 앳돼 보이는 얼굴이지만 구릿빛 톤의 피부에서 농부의 모습이 묻어났다.

임 대표는 서울 토박이다. 서울에서 나고 자라 군대까지 마쳤다. 전역 후 임 대표는 전남대 원예학과에 입학했다. 농부가 되기 위해 농업대학에 진학한 것이다. 군 제대 후 잠깐씩 여러 가지 일을 해 봤지만 성취감이나 만족감을 얻지 못했다. "미래 전망 있는 것을 찾아 다녔어요" 그는 기후변화와 전쟁 등으로 농작물 수확과 가격이 널뛰기 하는 것을 보고 농사가 미래에 유망한 직업일 수 있다는 생각을 했다. 공무원 출신인 아버지도 농부가 되는 것을 적극 권장했다. 스

스로 농부의 길을 선택한 셈이다.

임 대표는 3년 전 대학 입학과 동시에 유기농 호두 농장의 농부가 됐다. 그는 농부가 되기에 좋은 조건을 가지고 있다. 아버지가 13년 전에 고향인 전남 영암에 임야를 사고 10여 년 전부터 호두 나무를 심어왔기 때문이다. 아버지가 가꾼 19만8,000㎡(6만 평)의 임야에 2,000주의 호두 나무가 자라고 있다. 그는 자연스럽게 아버지 호두농장을 물려받았다.

1분 1초도 허투루 쓰지 않는다

평일에는 대학이 있는 광주에서 살고 주말과 휴일에는 영암의 호두농장에서 지낸다. 벌써 3년째 대학생과 농부의 '이중생활'을 하고 있다.

대학생 농부의 가장 어려운 점이 뭐냐는 질문에 그는 주위의 시선을 꼽았다. "젊은 청년이 왜 농사를 짓느냐?" "무슨 이유로 이런 시골까지 내려왔느냐?"와 같은 주변의 부정적인 시선이 가장 부담스러웠다는 것이다. 시간이 지나고 마을 사람과 교류가 잦아지면서 이런 시선은 사라지고 있다.

임 대표는 지금의 대학생과 농부의 이중생활에 만족하는 편이다. "학교 공부와 농사를 함께하려면 얼마나 바쁜지 몰라요" 아무래도 농사철이 되면 학교보다는 농장에 머무는 시간이 더 많다. 그가 공부에 중점을 두는 것은 당연히 호두 나무 재배법이다. 영어 원서는 물론 농업 잡지 등을 보면서 호두 나무의 가장 좋은 재배방법을 찾고 있다.

국내 호두 농사 정보가 없는 것도 그가 헤쳐나가야 할 과제다. 호두 주산지는 미국 캘리포니아다. 국내 대규모 호두 농장은 채 10곳이 되지 않는다. 호두 농가 대부분은 수년간 지어 본 경험으로 농사를 짓고 있다. "호두 나무 재배법을 아는 전문기관이 없어요" 그는 호두 농사를 지으면서 어디에 물어볼 곳이 없다는 게 가장 난처하다고 했다.

호두 알레르기를 가진 호두 농부의 꿈

임 대표의 단기 목표는 전국 호두 농가의 네트워크화다. 다른 작목처럼 호두 농가들의 연합체를 만드는 것이다. 호두 농사의 정보를 서로 공유하고 효과적인 재배 방법 등을 세우기 위해서다.

호두 나무 수확은 어떤지 물어봤다. 임 대표는 그런대로 괜찮다고 했다. 호두 열매는 3가지 종류로 나뉜다. 파란색의 겉껍질 채 있는 게 청피 호두다. 청피 호두에서 겉껍질을 벗겨내면 나오는 딱딱한 둥근 모양의 알이 알호두다. 흔히 우리가 시장에서 보는 게 알호두다. 알호두를 깨뜨리면 사람 뇌처럼 생긴 모양의 내용물이 나오는데, 그게 피호두다.

임 대표가 지난해 수확한 호두는 청피로 20t이다. 청피 호두는 kg당 3만~4만 원에 거래된다. 한 해 수입은 6,000만~8,000만 원이다. 호두 수확량은 매년 늘어날 전망이다. 호두 나무는 3년생 묘목을 심고 5년 정도 지나야 열매를 맺기 시작한다. 임 대표는 호두나무를 매년 심고 있어 시간이 지날수록 열매 맺는 나무 또한 늘어난다. 100년까지 사는 호도 나무는 대개 20년이 돼야 성년으로 본다. 60년까지는 수확이 가능하다.

임 대표는 판로 걱정을 하지 않는다. 지난해 수확한 호두는 바로 판매해 재고가 없다. 주로 지인과 SNS(소셜네트워크서비스)가 판매 통로다. 한번 구입한 고객이 또 사거나 주변에 소개해 주면서 고객이 계속 늘어나고 있다.

호두 농사는 수확철이 가장 바쁘다. 사람이 호두를 직접 따야 해 일손이 많이 필요하다. "수확철에는 대학의 친구들이 도와줘요" 수확철 그의 우군은 대학 친구들이다. 일손이 필요할 때마다 친구들이 내 일처럼 농장으로 달려와 일손을 보탠다. 청피로 수확한 호두는 기계로 껍질을 벗겨내는 게 첫 작업이다. 알호두를 세척해 건조한 후 두 달가량 숙성을 시킨다. 이 과정을 거쳐야 판매가 가능하다.

임 대표는 수익 극대화를 위해 알호두가 아닌 피호두를 판매할 생각이다. 피호두가 알호두보다 판매 가격이 2배가량 더 높기 때문이다. 하지만 알호두를 피호두로 만드는 과정은 쉽지 않다. 수작업을 해야 하기 때문이다. 임 대표는 이 과정을 기계화할 생각이다. 그는 전국의 알호두를 모두 사들여 기계화로 피호두를 만드는 방안을 연구 중이다.

　품질 개량, 임 대표가 지금 가장 공을 들이는 작업이다. 호두 나무에 퇴비량과 맛의 상관 관계를 시험하고 있다. 농장 한 켠에 호두 나무 시범블럭을 만들어 퇴비량과 성장 속도, 단맛·쓴맛 정도 등을 실험하며 데이터로 축적하고 있다.
　호두 농사꾼인 임 대표는 정작 호두를 먹지 못한다. 호두 알레르기가 있어서다. 하지만 그는 국내에서 호두 선도농가가 되는 게 목표다. "다른 사람이 내가 생산한 호두를 먹고 있는 것을 보면 너무 뿌듯해요" 그가 귀농한 이유인지도 모른다.

VIP요리사
스트레스
시골서 훌훌

박재민
함안농부협동조합 이사장

협동조합의 공동 브랜드는 '별별농부'다. 다양한 의미가 담겨 있다. 별의별 일을 다 한다는 뜻과 별을 보고 출근해 별을 보고 퇴근한다는 일벌레 등의 의미가 내포돼 있다.

– 2024년 5월 8일 인터뷰

도시생활은 스트레스의 연속이었다. 사람 간의 관계를 맺는 것도 쉽지 않았다. 그렇다고 미래도 밝지 않았다. 도시에서의 결혼 생활과 육아에 자신이 없었다.

박재민 경남 함안농부협동조합 이사장이 32살에 귀농한 이유다. 박 이사장은 청년농부다. 귀농한 후 지난 10년간 결혼하고 아이까지 낳았다. 흙과 함께 청년 시절을 보냈다. 2024년 5월 8일 만난 박 이사장은 인터뷰 내내 밝은 모습이었다. 시골생활에 만족하느냐는 질문에 "여긴 공기가 다르다"며 맑은 하늘을 가리켰다. 그랬다. 주변을 보니 신록이 우거진 숲과 하늘은 구름 한 점 없이 파랬다. 자동차로 한 시간만 나가면 나오는 이런 시골 풍경은 도시와는 크게 달랐다.

농사의 '농'도 모르던 요리사

귀농하기 전 박 이사장은 요리사였다. 박 이사장은 고교를 졸업하고 요리를 배우기 위해 일본으로 유학을 갔다. 3년 과정의 조리전문학교에서 일본 요리를 공부했다. "일본에서 취업하고 살 생각으로 유학을 갔어요" 그는 목표를 이루기 위해 뭐든지 열심히 했다. 연수를 하던 일본의 한 호텔 대표는 박 이사장의 근면·성실함을 눈여겨봤다. 호텔에서는 그를 요리사로 채용하고 싶어 취업 비자 발급 절차를 밟았다.

하지만 그는 일본에서 취업의 목표를 이루지 못했다. 일본이 자국민 일자리 보호를 위해 요리와 미용, 애완견 분야에서는 외국인 취업을 법으로 막고 있어서다.

결국 그는 2008년 일본 생활을 접고 한국으로 돌아왔다. 경남 창원에 자리한 레스토랑의 일본 요리사로 취직했다. 이 레스토랑의 서울 본사에서 1년간 근무하던 그는 총괄쉐프와 함께 국내 굴지 외식업체로 자리를 옮겼다. 근무지는 VIP의전팀 요리 담당이었다. "너무 힘들었어요. 사람 간의 스트레스로 하루하루가 긴장의 연속이었어요" 박 이사장은 당시 업무 압박감으로 병이 날 정도였다고 했다. 그는 자신이 조리한 요리를 먹은 VIP의 한마디에 온 신경이 쓰였다고 당시의 중압감을 떠올렸다.

"이렇게 살아서는 안 되겠다는 생각이 들었어요" 그가 귀농을 결심하게 된 이유다. 결혼하고 아이를 낳아도 가족이 같이 보내는 시간이 없을 것 같았다. 그래서 그는 50대에 하려던 귀농을 앞당기기로 했다. 귀농하기 위해 2012년 10월 퇴사를 했다. 32살에 청년 농부가 되기로 결심한 것이다.

실패의 맛, 성공의 맛

원래 귀농하려는 곳은 경남 함양이었다. 결혼을 약속한 예비 신부의 고향인 전북과 자신의 고향 창원의 중간 지점이 함양이기 때문이다. 함양은 산세가 너무 심해 그 옆인 함안으로 귀농지를 바꿨다.

퇴사 후 곧바로 함양으로 내려와 농사를 지었다. 퇴사하고 바로 내려오니 그 마을 사람들이 양파를 파종했다. 박 이사장도 밭 1,980 m^2(600평)에 양파를 심었다. 농사의 '농'자도 모른 채 동네 사람들을 따라서 한 양파 농사의 결과는 뻔했다. 종자 값도 건지지 못했다.

박 이사장은 귀농 후 결혼했다. 식구가 늘었지만 마땅한 수입이 없어 퇴직금 통장은 날마다 줄어들었다. "참깨 농사에 손을 댔어요"

그는 농지를 임대해 참깨를 심었다. 참깨는 매년 가격이 일정한 데다 수입산 가격도 오르면서 가격 폭락을 염려하지 않아도 된다는 판단이었다. 그의 예상은 적중했다. 5년가량 참깨 농사로 생계 유지가 가능했다.

박 이사장은 귀농인에게는 그 흔한 동네 사람과 갈등을 겪지 않았다. 귀농 후 아이가 태어나는 바람에 마을 사람들의 관심을 한몸에 받았기 때문이다. 이 마을에서 23년 만에 아기 울음소리가 나왔다. "동네분들이 날마다 아기를 보고 싶다며 뭘 싸들고 왔어요" 박 이사장은 이후 아이 둘을 더 낳았다. 동네 사람들은 마을에 경사났다며 박 이사장에게 거리를 두지 않고 이웃으로 받아들였다. 아이들 덕분이었다.

별을 보고 출근해 별을 보고 퇴근한다

박 이사장이 귀농인으로 자리를 비로소 잡은 것은 2017년 협동조합 설립 때다. 그는 양파 농사를 망친 이후 농업기술센터를 다녔다.

그곳에서 귀농인 교육생 5명을 만났다. 이들과 농장을 서로 방문하고 토론하면서 "뭔가 하자"는 의기투합이 됐다. 그 결실이 협동조합 설립이었다.

수익을 내자는 게 아니었다. 지역 먹거리 공동체를 한번 살려 보자는 취지가 강했다. 그래서 처음엔 조합원 5명이 각자 짓는 먹거리를 체험농장에서 판매했다. 한 공간에서 블루베리와 멜론, 단감, 절임배추 등을 판매하고 체험하는 공간을 운영했다.

그러다가 지난해 농업진흥청 공모사업에 협동조합이 제안한 농산물 가공공장이 선정됐다. "곡물로 다양한 제품을 만드는 공장을 만들었어요" 가공공장에서는 곡물로 튀밥 등 다양한 곡물 가공식품을 생산하고 있다. 소문이 나면서 올해는 제법 수익을 내고 있다.

협동조합의 또 하나 축은 함안승마장위탁사업이다. 승마장은 체험과 숙박시설을 갖추고 있다. 이날도 어린이들을 대상으로 한 제과와 제빵 체험 학습이 한창이었다. 이곳에서 박 이사장 부부는 다시 요리에 손을 댔다. 베이커리와 승마 체험을 묶음으로 하는 상품이 인기다.

협동조합은 어느새 강소기업이 모양을 갖췄다. 조합원은 12명으로 늘어났고, 정규직 직원만 4명이다. "조합의 일이 늘어나면서 직원들이 필요했어요" 박 이사장은 조합원 각자가 생업이 있어서 조합의 일만 꾸려가는 직원이 필요했다고 한다.

협동조합의 공동 브랜드는 '별별농부'다. 다양한 의미가 담겨 있다. 별의별 일을 다 한다는 뜻과 별을 보고 출근해 별을 보고 퇴근한다는 일빌레 등의 의미가 내포돼 있다.

협동조합의 목표는 수익을 창출하는 귀농인들의 보금자리 역할과 성공한 귀농인 모델이 되는 것이다. 그는 이 같은 목표 달성을 위해 예비 귀농인들의 가이드를 하고 있다. 귀농을 문의하는 그들에게 그는 솔직한 경험담을 들려주고 있다.

박 이사장은 예비 귀농인들에게 무작정 귀농하지 말라고 당부했다. "잘 되겠지 하는 마음으로 무턱대고 귀농하면 반드시 실패해요" 그는 적어도 귀농하기 전 1년간 무슨 작물을 재배할 것인지 꼼꼼하게 준비하라고 충고했다. 재배할 작물이 선정되면, 그 작물의 주산지에서 직접 재배하고 배우는 경험이 필요하다고 권했다.

그는 또 청년농부의 전망은 밝다고 내다봤다. "청년이 농촌에 살면 도시보다 기회가 더 많아요" 농촌의 고령화로 임대를 할 수 있는 농지가 많고 지자체의 지원 정책도 다양하다는 것이다. 농촌은 청년농부가 둥지를 틀 수 있는 블루오션이라는 의미다.

향기로 마음과 몸 치유 조향 전문가

김규원
예유당 대표

김 대표는 단순한 향을 전하는 단순한 전도사가 아니다. 향에 동양정신을 담아내고 있다. "향기에 동의보감과 음양오행의 원리를 접목하고 있어요"

— 2023년 3월 19일 인터뷰

산수유가 만개한 2023년 3월 19일 찾은 전남 구례군 토지면 예유당. 33㎡(10평) 규모의 예유당 클래스(치유실)에는 라벤더와 로즈메리, 생강, 제라늄, 장미향 등 10여 종류의 향을 담은 손바닥만 한 크기의 용기들이 3단 서랍장에 가지런히 정리돼 있었다.

자연과 함께하는 아침에 빠지다

이날 김규원 예유당 대표는 치유실에서 봄만 되면 두통으로 고통을 호소한다는 50대 여성 고객을 마주하고 향기 치료를 했다. 처음엔 5가지 향을 꺼내와 고객 앞에 놓고 한 가지씩 냄새를 맡게 했다. 냄새를 맡아 보고 어느 향이 자신에게 가장 적합한지를 고르는 치유의 시간은 한 시간 동안이나 계속됐다. 마음에 드는 향 3개를 선택하자 김 대표가 즉석에서 블렌딩을 했다. "이탈리아 남부가 원산지인 이 향은 긴장과 스트레스를 풀고 몸의 균형을 잡아주는 역할을 합니다" 김 대표의 설명은 계속됐다. 전문가 냄새가 묻어났다. 김 대표는 향기로 사람의 마음과 몸을 치유하는 조향사다.

서른네 살인 김 대표는 서울에 살다가 2021년 9월 이곳으로 내려온 새내기 귀촌인이다. 나이에 비하면 좀 빠른 귀촌을 한 셈이다. 김 대표가 아무런 연고가 없는 구례에 귀촌을 결심한 것은 2018년이다. 김 대표는 국내 한 화장품 회사에 취직해 조향연구소장까지 올랐다. 당시 여행과 산을 좋아한 김 대표는 시간만 나면 배낭 하나 메고 전국을 돌아다녔다. 지리산을 오르기 위해 운조루가 있는 구례 토지면의 한 게스트 하우스에서 하룻밤을 지냈다. 운조루는 영조 52년에 낙안군수를 지낸 류이주가 지은 조선시대 대표적인 양반가옥이다.

이 고택에는 쌀 세 가마의 분량이 들어가는 원통형 뒤주가 유명하다. 뒤주 아랫부분에 '누구나 열 수 있다'는 타인능해(他人能解) 글귀가 쓰여 있다. 굶주리는 이웃들을 위해 통나무 뒤주에 곡식을 채워두고 언제든지 누구나 가져갈 수 있게 나눔을 실천했던 노블레스 오블리주 정신이다.

자연과 함께하는 아침이 너무 좋았다. 그래서 5년간 이곳을 자주 다녔다. 마을 사람들의 인심까지 마음에 들었다. 그는 귀촌의 터를 이곳으로 잡기로 결심했다.

꿈꾸어 왔던 귀촌의 삶

2021년 9월 3일, 김 대표는 서울의 직장을 그만두고 이 마을로 내려왔다. 자연이 없고 사람만 있는 도시 생활이 싫었다. 구례군에서 운영하는 귀촌인 숙소에 머물면서 집을 알아봤다. 한 달만에 마을 한가운데 위치한 기와집을 샀다. 부담스러웠지만 그동안 직장생활하면서 모은 자금을 집 사는 데 썼다. 6개월간 리모델링을 했다. 집에 앉아 있으면 뒤로는 지리산 자락이 보이고 앞으로는 평야가 한눈에 들어왔다.

도시에는 없는 농촌의 이웃집 인심도 넉넉했다. "이웃 할머니가 마당 옆의 밭을 갈더니 단호박를 심어줬어요" 초보 농사꾼 김 대표는 먹거리 걱정을 하시 않아도 됐다. 이웃집에서 재소 농사를 지어 준 데다 제철 과일과 먹거리를 한 가득 담은 바구니를 집 앞에 놓고 가기 때문이다.

하지만 귀촌생활의 불편한 점도 있다. 농촌생활은 동네 사람과 경계가 없다. "이웃에 사는 할머니가 하루는 인기척도 없이 불쑥 집에 들어와 부엌살림을 뒤지면서 나무랄 때가 있었어요" 도시에서는 있을 수 없는 일이다. 하지만 김 대표는 워낙 명랑한 성격이라 이런 걸 개의치 않는다.

심신에 건강을 전달하는 조향사

넓은 마당과 땅을 밟는 귀촌생활을 시작했지만 빠듯해진 주머니 사정으로 생존 걱정의 벽에 부딪혔다. "주택 대출금을 갚아야 하는데 벌이가 없어 좀 난감했어요" 김 대표는 당시 화장품 강의에서 나오는 수입 외에는 다른 고정 수입이 없었다.

김 대표는 전공을 살려 집 한 켠에 아로마테라피 클래스를 차렸다. '도덕경'에 나오는 '늘 조심하라'는 내용을 담은 '예유당'을 클래스

명패로 달았다. 김 대표는 향장학으로 석사학위를 취득한 향기 전문가다. 김 대표는 2020년 제1회 맞춤형 화장품 조제 관리사 시험에 합격했다. 화장품의 제조와 원료 관리, 품질 관리를 할 수 있는 능력을 검증하는 국가고시다. 유안대학의 겸임교수인 김 대표는 조향의 이론과 실무를 모두 갖추고 있다.

전공을 살리는 뭔가 해야 했다. 2022년 전남창업지원센터에 사업계획서를 내 1,500만 원을 지원받았다. 이 자금으로 예유당 클래스 내부를 꾸몄다. 올해노 7,000만 원을 지원빝는다. 클래스 에유당의 반응은 좋은 편이다. 참가비가 7만 원인데, 재방문자가 많다. 김 대표의 꿈은 천연 오일 향제품 개발이다. "내 브랜드를 갖고 싶었어요. 나만의 색깔을 드러내는 제품을 만들고 있어요" 김 대표는 천연 향수 키트 제품을 출시할 생각이다.

김 대표는 단순한 향을 전하는 단순한 전도사가 아니다. 향에 동양정신을 담아내고 있다. "향기에 동의보감과 음양오행의 원리를 접목하고 있어요" 김 대표는 향기 치료도 결국에는 정신과 마음을 수련하는 원리와 비슷하다고 했다.

예비 귀촌인들에게 김 대표는 철저한 준비가 필요하다고 당부했다. 준비 없는 귀촌생활은 경제적 난관에 봉착한다는 것이다. "귀촌 전에 플랜B와 C를 준비해라" 청년 귀촌인 김 대표가 경험에서 말하는 충고다.

먼저 귀농한 아버지 곁으로

조성훈
축령농원 대표

조 대표가 귀농한 장성군 북일면 일대는 한반도 시베리아로 불릴 만큼 겨울에는 춥고 일교차가 크다. 사과 재배에 알맞은 기후 조건이다. 이 황금사과는 맛이 새콤달콤해 젊은층에 인기다.

— 2023년 3월 30일 인터뷰

귀농 3년차인 조성훈 전남 장성군 북일면의 축령농원 대표는 눈코뜰새 없이 바빴다. 이미 농번기가 시작된 2023년 3월 30일 찾은 조 대표의 농원은 할 일이 태산처럼 쌓여 있었다. 조 대표의 대표 재배작물은 사과나무다. 조 대표는 귀농 후 1만4,850㎡(4,500평)의 밭에 4,000주의 사과나무를 심었다. 사과나무의 새싹이 나오면 가장 먼저 하는 게 전정작업이다. 열매를 맺지 않거나 햇볕과 바람길을 막는 가지를 잘라주는 작업이다. 한 해 농사의 시작이다. 조 대표는 최근 1주일에 걸쳐 나홀로 전정 가위 하나로 가지치기 작업을 모두 마쳤다. 사과나무는 크기와 종류가 다르지만 이발을 한 것처럼 가지런히 곧게 뻗어 있었다.

삽질 한 번 한 적 없었던 초보 농부

"서울에서 지낼 때보다 더 바빠요" 조 대표는 농사가 이렇게 바쁜 줄 몰랐다고 손사래를 저었다. 조 대표는 서울에서 연극과 오페라의 공연 무대를 제작하는 일을 했다. 무대 제작은 재미와 보람이 있었다. 하지만 무대 제작 일만 전념할 수 없었다. 10년 전 고향으로 귀농한 아버지가 그에게 농번기 때 일손을 도와달라는 부탁을 자주 했기 때문이다. 그는 틈날 때마다 지금의 농원으로 내려와 아버지의 일손을 거들었다. 그런던 중 아버지는 "아들과 함께 농원을 가꾸고 싶다"는 제안을 했다. 아들에게 귀농을 권유한 것이다. 조 대표는 아버지의 간곡한 부탁을 뿌리치지 못했다.

농사가 적성이 맞는지 한번 테스트를 해 보고 싶었다. 2020년 4월 그는 농협중앙회에서 운영하는 청년농부사관학교에 입학했다.

도시에서만 자라 삽질을 한 번도 해 보지 않았던 조 대표는 6개월간 농사짓는 법을 배웠다. 2개월간은 이론 수업을 배우고 나머지는 현장 실습과 작물 재배, 농기계 조작법을 익혔다.

청년농부사관학교를 마친 조 대표는 "귀농해도 괜찮을 것 같다"는 판단을 했다. 다음 해인 2021년, 그는 농사짓는 아버지의 곁으로 둥지를 옮겼다. 서른둘의 청년 귀농인이 된 것이다. 조 대표가 귀농한 장성군 북일면 일대는 한반도 시베리아로 불릴 만큼 겨울에는 춥고 일교차가 크다. 사과 재배에 알맞은 기후 조건이다. "황금사과인 시나노 골드 품종을 심었어요" 조 대표는 '옐로우 색채 브랜드'를 내세운 장성군의 추천으로 황금사과나무로 품종을 교체했다. 이 황금사과는 맛이 새콤달콤해 젊은층에 인기다. 또 수확 시기도 10월 중순으로 기존 사과보다 한 달가량 빨라 다른 작물의 재배도 가능하다는 장점이 있다.

판로를 개척해야 살아남는다

한 해 사과 수확량은 40~50t에 달한다. kg당 500원만 잡아도 한 해 매출은 2억 원이 넘는다. 조 대표 고민은 여기서 커졌다. 사과 재배와 판매는 또 다른 일이었다. 농부들이 겪는 흔한 판로 걱정이다. "아무리 사과농사를 잘 지어도 판매를 하지 못하면 소득이 없어요" 조 대표는 처음엔 인터넷 판매에 매달렸다. 인터넷 판매는 판매량이 일정하지 않았다. 그래서 정기적인 판매가 가능한 로컬푸드 매장을 집중 공략했다. 조 대표 이름으로 납품하는 로컬푸드는 현재 10곳으로 늘었다. 꾸준하고 일정한 판매고를 올리면서 로컬푸드가 매출 신장에 상당한 도움이 되고 있다.

조 대표는 사과 가공 공장을 확대했다. 판매하지 못한 사과를 먹기 좋은 착즙으로 가공하기 위해서다. 이날도 가공공장은 주문량을 맞춰 택배를 보내느라 분주했다.

조 대표는 청년들이 귀농할 때 창업농업인과 후계농업인 제도를 활용하면 도움이 된다고 조언했다. 조 대표는 후계농업인이다. 귀농 후 3년간 매월 한 달 100만 원짜리 귀농 바우처 카드를 받는다. 귀농과 관련된 모든 비용을 이 바우처 카드를 쓸 수 있다. "얼마나 도움이 되는지 모릅니다" 조 대표는 바우처 카드로 농자재와 농기계 유류값, 생활용품 구입비 등으로 활용하고 있다.

귀농인에 대한 지원은 또 있다. 창업농업인과 후계농업인은 저리로 5억 원까지 대출을 받을 수 있다. 거치와 상환 기간도 5년에서 7년으로, 7년에서 20년으로 늘어났다. 초보 귀농인들은 이 대출금으로 농지와 농기계를 구입하고 비닐하우스 설치, 가공식품 공장 등을 세울 수 있다.

조 대표는 영농 다각화에 나섰다. 1년에 한 번 수확하는 사과로는 기대했던 매출을 올릴 수 없어서다. 그는 1만6,500㎡(5,000평) 정도의 농지를 빌렸다. 임차한 농지에 감자를 심었다. "들녘에서 이것저것 하다 보면 하루가 금세 다 가요" 조 대표는 들녘에 꽃이 지천에 피었지만 꽃구경할 틈이 없다고 했다.

농사만 지어서는 안 된다

조 대표는 귀농의 가장 큰 어려움으로 편의시설 부족을 꼽았다.

"커피 한 잔 마시고 싶어도 차를 타고 10분 정도 가야 해요" 그는 헬스장과 편의점을 가려 해도 차를 타야 한다고 했다. 지역에 청년 농부가 없는 것도 아쉬운 지점이다. 북일면의 30대는 67명에 불과하다. 또래 농부가 있으면 농사 정보 교환도 하며 같이 어울릴 수 있지만 현실은 그렇지 않다.

조 대표의 목표는 서울에 시골에서 재배한 농산물과 이를 가공한 식품을 파는 매장을 차리는 것이다. 농부가 농사만 지어서는 성공할 수 없다는 게 그의 판단이다. "소비자들이 믿고 사서 먹을 수 있는 안전한 먹거리를 제공하고 싶어요" 조 대표가 안전한 먹거리를 생산하는 농부와 소비자를 연결하는 다리 역할을 하겠다는 것이다.

조 대표는 예비 귀농인에게 귀농 전에 1년 정도 농사를 직접 지어볼 것을 당부했다. "머릿속에서 생각하는 것과 실제 농사짓는 것은 상당한 괴리가 있어요" 조 대표의 경험에서 나온 얘기다. 사계절을 농촌에서 살아 보고 느껴 보면 농사를 지어도 될지 자신이 판단할 수 있다는 것이다.

호주 이민생활 접고 청년창업농 도전

한선웅
천사농부 대표

한 대표는 예비 귀농인에게 농사는 경험자를 이길 수 없다는 뼈있는 한 마디를 했다. 귀농인이 작물 재배법을 아무리 이론으로 많이 알아도 실전에서 잔뼈가 굵은 농부를 당해낼 수 없다는 의미다. "귀농했다면 처음에는 무조건 배워야 해요"

— 2023년 7월 6일 인터뷰

2017년 여름, 그는 11년의 호주 이민생활을 마치고 처가인 전남 신안군 압해도로 돌아왔다. 그의 주머니는 텅 비어 있었다. 호주에서 한때 잘나갔지만 무역업에 손을 댔다가 큰 손해를 봤다. 이민생활을 접은 그는 한국의 농촌에서 귀농의 둥지를 틀고 인생 2막의 길을 선택했다.

천사의 땅에서 다시 날개를 펼치다

2023년 7월 6일 만난 귀농 6년차 농업법인 '전사농부' 한선웅 대표의 귀농 스토리다. 귀국 후 농사 정보를 얻기 위해 그는 인터넷에 귀를 기울였다. "세상에 이런 비밀이 다 있구나" 한 대표는 검색을 하다가 청년창업농 모집에 눈이 번쩍 뜨였다. 곧바로 지원해 청년창업농 1기생에 선정됐다. 전남대 창업보육센터에서 딸기재배 교육을 받았다. 그가 재배작목으로 딸기를 선택한 이유는 누구나 즐겨먹는 과일이란 생각 때문이다. 그래서 딸기는 판로 걱정을 하지 않아도 될 것 같았다. 창업보육은 이론 3개월과 현장실습 6개월, 경영실습 1년 등 모두 1년 9개월 과정이었다.

실습을 마친 그는 전남 나주에서 2,640㎡(800평)를 임대해 딸기 농사를 처음으로 지어 봤다. 수입이 꽤 괜찮았다. 이론과 실습을 모두 경험한 한 대표는 2020년 6월, 1억2,000만 원을 융자받아 3,300㎡(1,000평) 규모의 비닐하우스 4개 동을 설치했다. 자금이 모자라 딸기 재배에 필요한 최소한의 비용만 들였다. 비닐하우스 설치 비용을 아끼기 위해 그는 하루 종일 현장에 매달려야 했다. 나홀로 작업하는 날이 많아지다 보니 비닐하우스를 완성하는 데 1년 이상이 걸렸다.

2021년 8월 비닐하우스에 첫 딸기 모종을 심었다. 비닐하우스에 식재한 2만3,000주의 딸기는 잘 자랐다. 그해 12월 첫 수확을 했다. 하지만 매출은 기대 이하였다. 하루 판매 수입은 100만~200만 원에 그쳤다. 다음 해 4월까지 수확한 딸기 총매출은 9,000만 원으로 그가 기대했던 1억5,000만 원에 크게 미치지 못했다. 딸기 수입은 3.3㎡당 18만 원가량이다. 모종값과 인건비, 기름값을 제외하니 순이익은 3,000만 원에 불과했다. 10개월가량 아내와 함께 매달린 딸기농사의 성적표는 실망 수준이었다.

한 대표는 딸기 농사가 왜 잘 안 됐는지 되돌아봤다. 답은 간단했다. 인건비를 아끼기 위해 부부 2명이 3,300㎡(1,000평)의 딸기 농사를 짓는 건 무리였다는 해답이 나왔다. 딸기 농사는 잎따기와 꽃 솎아주기, 수확, 선별, 포장, 출하를 매일 동시에 해야 한다. "둘이 어떻게 이런 일을 다 할 수 있겠어요" 그는 반문했다. 단계마다 일손 부족으로 시기를 놓치니 수확량이 크게 줄어든 것이다.

노력은 결코 배신하지 않는다

딸기농사에 획기적인 변화가 필요했다. 그는 외국인 노동자와 1년간 근로 계약을 했다. 딸기 농장에 한 명의 노동력이 더 투입된 것이다. "제때제때 일손이 들어가니 모든 게 달라졌어요" 그는 올해 딸기의 매출이 거의 2배로 늘었다고 했다.

한 대표는 딸기농장 한 켠에 어린이들의 체험학습장을 꾸몄다. 딸쿵(딸기사랑심쿵)이라는 명패도 달았다. 반응은 의외였다. 인근 도시인 전남 목포의 유치원과 어린이집에서 시리적으로 가까운 딸쿵의 체험장을 찾은 것이다. 그의 딸기농장 한가운데는 유모차와 휠체어가 다닐 수 있는 통로가 있다. 딸기 한 베드를 포기하고 보행약자들을 위해 마련한 길이다.

한 대표의 귀농 계기는 좀 특이하다. 그는 2004년 임용고시에 두 번째 떨어진 후 학생비자로 호주로 떠났다. 호주에서 어느 정도 자리를 잡은 2006년, 그는 결혼했다. 결혼 후 호주로 아내를 불러들여 이민생활을 했다. "외국 생활은 막막했어요" 그는 아내와 함께 건설현장과 청소, 타일 작업 등 막노동으로 생계를 이어갔다. 이 같은 그의 노력은 배신하지 않았다. 5~6년이 지나자 이민생활의 터전을 잡았다.

하지만 무역업에 손을 댄 것이 화근이었다. 무역업이 제대로 풀리지 않으면서 이민생활을 접어야 했다. "이때는 처음 호주 올 때보다 더 막막했어요" 그의 머릿속엔 처가인 전남 신안 압해도가 떠올랐다. 막막한 호주생활보다는 처가에서 농사짓는 게 더 낫다고 판단했다.

농사는 나 홀로 이룰 수 없다

한 대표는 올해 처음으로 자의 반 타의 반으로 비닐하우스 2개동에 3,400주의 멜론을 심었다. 지역농업경영인회에서 올해 완공되는 압해도 로컬푸드에 다양한 농작물을 진열할 목적으로 한 대표에게 멜론 재배를 요청했기 때문이다. "누군가는 해야 될 일이죠" 그는 일손 부족으로 멜론 줄기가 타고 올라갈 수 있는 줄을 다는 시기를 놓쳐 안타까워 했다. 이날도 나홀로 줄을 다는 작업을 했지만 좀처럼 작업량은 줄어들지 않았다.

한 대표는 1년 내내 수확이 가능하도록 작물의 다양화를 추진하고 있다. 작물의 다양화가 그의 귀농 목표다. 지난해부터 처가의 배농사를 다시 시작했다. "2018년인가 배농사를 해 봤는데 수익이 너무 적었어요" 6,600㎡(2,000평)에서 배 수확이 5,000만 원에 그쳐 곧바로 배농사를 접었다. 배농사 실패는 상처 등 조그마한 하자가 있어 상품으로 나가지 못하는 배를 처리하지 못한 게 원인이었다. 배 수확은 나쁘지 않았지만 판매보다는 처리하지 못하고 버리는 배가 더 많았다. 그는 이 문제를 푸는 데 집중했다. "하품의 배를 받아주는 거래처를 찾았어요" 그는 배 농사만 잘 지으면 하품도 받아주는 판로를 확보한 것이다.

그는 올해 배농사를 3만3,000㎡(1만 평)로 늘렸다. 고령의 배밭 주인들이 더 이상 지을 수 없다며 한 대표에게 임대를 줬기 때문이다. "올해는 수정이 잘 됐어요" 전남 나주 등 배주산지의 배들이 수정 시기에 한파로 열매가 많이 열리지 않았다. 때문에 그는 올해 배 가격이 좋을 것으로 기대하고 있다.

그는 밭농사까지 작물을 넓혔다. 13만2,000㎡(4만 평)의 밭에 철 따라 귀리와 보리, 밀, 콩, 녹두 등을 재배하고 있다. 밭작물 농사는

의외로 쉬운 편이다. 씨앗을 뿌리면 자연에서 자라 수확을 할 수 있기 때문이다. 하지만 올해는 계속된 장마로 아직까지 녹두는 씨앗조차 뿌리지 못하고 있다. "날씨 등 자연이 허락하지 않으면 수확량을 기대하기 어려워요" 그는 기후변화가 밭 작물 농사를 좌우한다고 보고 있다.

그는 아직까지 빚을 다 갚지는 못했다. 하지만 농사는 무한한 가능성이 있다고 믿으며 희망의 불씨를 이어가고 있다.

한 대표는 예비 귀농인에게 농사는 경험자를 이길 수 없다는 뼈 있는 한마디를 했다. 귀농인이 작물 재배법을 아무리 이론으로 많이 알아도 실전에서 잔뼈가 굵은 농부를 당해낼 수 없다는 의미다. "귀농했다면 처음에는 무조건 배워야 해요" 한 대표는 귀농 후 나 홀로 지내서는 아무것도 이뤄낼 수 없다고 충고했다. 아직까지 농촌은 공동체 의식이 강해 마을 사람들과 잘 어울려야 농사 정보 등을 받을 수 있는 시스템이라는 것이다.

정년·퇴직 불안감 없는 딸기 농사

강정구
딸기로움 대표

딸기 재배의 성패는 적화와 적과에 달려 있다. 딸기는 과일의 크기를 고려해 꽃을 따내는 적화와 한 개의 꽃대에 2~3개만 남겨놓는 적과 작업을 한다. 적과에 실패할 경우 딸기가 익어도 신맛이 강하고 당도가 낮기 때문이다.

— 2023년 4월 15일 인터뷰

"우와~" 아이들은 탄성을 질렀다. 엄마, 아빠와 함께 눈앞에서 탐스럽게 익은 딸기를 따서 먹는 체험장에 온 아이들은 마치 신세계를 보는 듯 마냥 즐거워했다. 딸기 열매는 아이들의 키 높이에 매달려 있어서 손으로 따는 데 전혀 불편함이 없었다. 아이가 직접 딸기를 딸 수 있도록 손을 잡아주는 엄마들도 눈에 띄었다. 파란 열매부터 빨갛게 익은 딸기까지 종류도 다양했다. 스마트팜 시설하우스라 환경도 쾌적했다. 딸기를 따면서 뛰어다녀도 될 정도로 공간도 넓었다. 아이들에겐 딸기 놀이터나 다름없었다. 2023년 4월 15일 찾은 전북 군산 스마트팜 딸기농장 '딸기로움'에는 유치원생과 초등학생들로 북적거렸다.

딸기에 인생을 걸다

'딸기로움'은 젊은 귀농인이 운영하는 농장이다. 주말농장 체험은 예약으로 하루 3회 운영된다. 매월 400~500명이 체험 농장을 다녀간다. '딸기로움' 강정구 대표의 귀농 이유는 간단했다. "가족과 함께 살고 싶어서 회사를 그만뒀어요" 그는 전북 군산에서 OCI 태양광 폴리실리콘을 제조하는 회사에 다녔다. 직장생활 10년째인 2018년 11월, 그는 갑작스럽게 경북 포항으로 발령을 받았다. 나홀로 포항생활을 했지만 가족의 품이 그리웠다. 발령난 지 채 2년도 되지 않은 2020년 5월, 그는 회사에 사표를 내고 가족이 있는 군산으로 돌아왔다.

강 대표가 회사를 그만두고 귀농을 선택한 이유가 가족뿐만은 아니었다. 나머지 인생을 걸 정도로 농업의 전망이 밝았기 때문이다.

"직장생활은 항상 인원 감축과 조기 퇴직이라는 불안 요소가 있어요" 그는 농업의 경우 정년이 없는 데다가 퇴직이라는 불안감에 시달리지 않아도 된다는 장점을 본 것이다.

딸기 재배의 동반자, 스마트 팜

귀농 작물로 그는 딸기를 선택했다. 딸기는 겨울에 수확해 경쟁할 작물이 별로 없다는 점이 크게 작용했다. 또 수익률이 50%로 다른 작물에 비해 꽤 높은 편이다. 더욱이 딸기는 '국민식품'으로 누구나 좋아해 판로 걱정이 없다는 게 그의 판단이다.

강 대표는 스마트팜 딸기 농장을 희망했다. 우선 시험 삼아 해 보고 싶었다. 때마침 군산시가 스마트팜 연동형 사업 임차인을 모집해 원서를 냈다. 그는 5대 1의 높은 경쟁률을 뚫고 운 좋게 임차인에 선정됐다. 2020년 9월 그는 1,617㎡(490평)에 3년 동안 스마트 팜을 임차할 수 있었다. 임대료는 연간 30만 원으로 저렴했다. 강 대표는

2년간 임차한 스마트팜에서 딸기 재배에 대한 여러가지 시험을 해봤다.

시험재배로 자신감을 얻은 강 대표는 2022년 9월 30일 스마트팜 농장을 차렸다. 하지만 이때는 코로나19가 창궐하던 시기라 국제적인 물류 이동 제한으로 스마트팜 농장 건설 비용은 애초 생각한 것보다 2배가량 더 들었다. 3,696㎡(1,120평)의 스마트팜 농장을 짓는 데 10억 원이 소요됐다.

"비용이 너무 많이 늘어서 수저했어요" 상 대표는 처음엔 스마트팜 건립을 두고 고민에 빠졌다. 하지만 쇠뿔도 단김에 빼라는 말처럼 그는 주저하지 않았다. 강 대표의 고민은 여기서 끝나지 않았다. "군산은 간척지가 많아 논밭에 소금기가 있는 물이 나와요" 딸기 농사에 이런 물을 사용하면 다 말라죽는다. 딸기 농업용수로 상수도 물도 적합하지 않다. 간척지 부근에서 딸기 농사를 지으려면 지하수를 파야 했다. 맑은 지하수를 뽑아 쓸 수 있는 땅을 사는 게 필요했다. 다행히 계획대로 지하수가 나오는 지금의 땅을 매입했다. 우여곡절 끝에 그는 맑은 지하수 사용이 가능한 부지에 8개동의 스마트팜 농장을 완공했다.

스마트팜 농장에 딸기만 2만800주를 심었다. 초보 귀농인에게 딸기 농사는 쉽지 않았다. 스마트팜 시설하우스의 온도는 15℃, 습도는 65% 이상을 유지해야 한다. 여기에 햇볕의 양인 광량을 잘 조절하는 게 필요하다. 딸기는 다른 작물과 달리 아직 재배 데이터가 구축돼 있지 않다. 때문에 시시각각 변하는 주변 상황에 맞게 대처해야 한다. "그때 그때 상황을 보고 양액 등을 조절해줘야 해요" 스

마트팜이지만 작물을 위한 적정 환경 조절은 농부의 몫이다. 처음엔 이런 상황에 적절히 대처하지 못해 어려움을 겪었다.

딸기 재배의 성패는 적화와 적과에 달려 있다. 딸기는 과일의 크기를 고려해 꽃을 따내는 적화와 한 개의 꽃대에 2~3개만 남겨놓는 적과 작업을 한다. 적과에 실패할 경우 딸기가 익어도 신맛이 강하고 당도가 낮기 때문이다.

강 대표의 딸기 당도인 브릭스는 14까지 올라간다. 열대과일 수준이다. 통상적인 9~10브릭스보다 훨씬 높다. 딸기 재배의 노하우가 차츰 생겼다.

SNS 활동은 현대 농업인의 필수품

강 대표는 판매와 체험이 가능한 스마트팜을 구상했다. 판매는 딸기 재배만큼이나 어려웠다. "SNS를 운영하면서 꾸준히 홍보한 게 판매에 큰 도움이 됐어요" 그는 귀농 후 곧바로 SNS를 시작했다. 딸기 재배와 일상생활 등을 게시글로 올리면서 관심을 불러모았다. 작물 관련 교육 내용과 직접 재배하는 모습을 올리면서 수비자들의 신뢰를 얻었다. 곧바로 매출로 이어졌다. 또 다른 매출 창구는 로컬푸드와 지역의 마트다. 강 대표는 카페 등 판로 다양화에 심혈을 기울이고 있다.

스마트팜 8개동 가운데 2개동은 체험장으로 꾸몄다. 체험장은 어린이를 동반한 가족들이 편히 쉴 수 있는 공간으로 만들었다. 놀이 공간과 캠핑용 텐드를 설치해 가족 단위 휴식이 가능하도록 했다. 이날도 아이들은 모래 놀이를 하면서 놀고 부모들은 그 옆에 마련된 천막에서 차 한 잔을 마시는 여유를 부렸다. 스마트팜 농장에서 방금 따온 딸기를 온 가족이 둘러앉아 먹는 모습이 평화롭게 보였다.

강 대표의 목표는 WPA(현장교수)가 되는 것이다. 현장에서 그동안 얻은 자신의 노하우를 청년 농업인에게 가르치는 게 그의 꿈이다. 또 딸기를 원료로 6차 가공산업으로 활성화해 잘사는 농부가 되는 것이다.

그는 예비 귀농인에게 작물 선택이 중요하다고 당부했다. 시류에 휩쓸리지 말고 귀농에 앞서 반드시 작물을 재배해 보고 적성에 맞는지 여부를 판단해 달라고 했다.

제2장

농사의 '농'자도 몰랐지만

방송서
귀농 프로그램
보   고
무작정 귀농

한광오
하늘꿈 농원 대표

우연히 들른 옆집 비닐하우스에서 '행운'을 잡았다. 바로 네덜란드 작약이다. 하지만 할아버지는 작약 재배 노하우 보따리를 쉽게 풀지 않았다.
"날마다 막걸리를 사들고 할아버지 비닐하우스로 출근했어요"
– 2024년 3월 29일 인터뷰

충북 제천에 사는 한광오 박달재 하늘꿈 농원 대표는 2024년 3월 29일, 7년 전 귀농센터에서 감자를 심었던 때를 회상하면서 미소를 지어 보였다. 한 대표의 귀농 계기는 우연찮게 본 방송이었다. 그는 "귀농인을 소개하는 KBS 〈인간극장〉 프로그램을 보고 귀농해야겠다"고 결심했다. 이 프로그램을 본 한 대표는 자연에서 사는 귀농인의 삶이 자신이 살아가야 할 미래 모습으로 그려졌기 때문이다.

한 대표는 당시 청소 용역 일을 했다. 날마다 사람을 데리고 다니면서 청소시키는 일이 쉽지 않았다. 그에겐 인부를 부리는 게 힘든 일이었다. 7년간 그에게 맞지 않는 옷을 입고 다닌 것이다. 탈출구가 필요했다. 우연한 기회에 방송에서 그 탈출구를 찾았다.

아내와 함께한 귀농의 길

"여보, 나 귀농해야겠어요" 아내에게 말했는데 뜻밖의 대답이 나왔다. 아내는 한 대표의 귀농 결심을 반겼다. 한 대표는 도시에서 나고 자라 농촌과 농삿일을 전혀 몰랐다. 한 대표 부부는 이때부터 인터넷으로 전국의 귀농센터와 귀농학교를 샅샅이 뒤졌다. 충북 제천시 체류형창업지원센터가 눈에 확 들어왔다. 2017년 3월부터 8개월간 한 대표는 이 지원센터의 숙소에 입소해 귀농교육을 받았다. 생애 첫 농부의 길이 시작된 것이다.

"지원센터에서 처음으로 고구마와 감자를 심어 봤어요" 그는 싹이 나고 물만 주면 크는 작물들이 신기했다. 지원센터에서 농부가 되는 과정을 배웠다. 그는 뭐든지 열심히 했다. 그 결과 뜻하지 않았던 행운이 뒤따랐다. 교육평가 결과 지원센터 입소생 30명 가운데 1

등을 했다. 부상으로 농자재 등을 살 수 있는 1,000만 원의 보조금을 받았다. 지원센터 교육을 모두 마친 한 대표는 화훼농가로 유명한 제천시 백운면 한 마을을 골라 정착했다. 비닐하우스 3동이 있는 2,475㎡(750평) 규모의 밭을 임대했다. 임대료는 연간 쌀 10가마다. 우선 보조금으로 비닐하우스를 수리하고 금잔화 등을 심었다. 우선 아내와 가족은 인천에 두고 혼자 귀농해 농사를 지었다. 하지만 만족할 만한 결실을 거두지 못했다.

행운의 바짓가랑이를 붙잡아라

우연히 들른 옆집 비닐하우스에서 '행운'을 잡았다. 바로 네덜란드 작약이다. 70대 할아버지는 비닐하우스에서 재배한 작약꽃을 매주 3차례 출하했다. 할아버지가 잠깐 나간 사이 그는 비닐하우스에서 우연히 통장을 봤다. 매주 3차례 50만~80만 원이 입금된 내역을 확인했다. 눈이 번쩍 뜨였다.

할아버지에게 작약 재배방법을 배우고 싶었다. 하지만 할아버지는 작약 재배 노하우 보따리를 쉽게 풀지 않았다. "날마다 막걸리를 사들고 할아버지 비닐하우스로 출근했어요" 그는 할아버지를 조르는 외에 다른 방법이 없었다고 했다. 이런 날이 6개월쯤 되자 할아버지는 "그럼 한번 배워 볼껴?"라고 마음의 문을 열었다. 한 대표는 뿌리작약 5,000개를 분양받아 작약 농사를 짓기 시작했다.

2019년 4월 첫 수확의 열매를 맺었다. "탐스런 꽃을 보고 너무 기뻤어요" 한 대표는 작약 꽃을 매주 3차례 마을 집하장으로 오는 aT(농수산물유통공사) 차량에 출하했다. 첫 해 그는 660㎡(200평)

비닐하우스 한 동에서 700만 원의 순이익을 냈다. 지금은 3,500만 원으로 순이익이 늘었다.

그는 작물 다양화를 시도하고 있다. 작약 농사는 꽃 수확이 끝나는 5월이면 대충 마무리된다. 이후 한 대표는 샤인머스켓과 참깨, 고구마, 감자 등의 농사를 짓는다. 이날 한 대표는 비가림 시설이 된 샤인머스켓 농장에서 동해를 입었는지 나무를 감싸고 있는 짚과 비

닐을 벗겨내는 작업을 했다. 그는 봄 농사철이 시작되는 이때가 가장 바쁘다. 이날은 농장을 이어받기로 약속한 딸과 딸의 지인도 농장으로 내려와 농삿일을 거들었다. 한 대표의 딸은 "아버지의 뒤를 이어 보고 싶어요"라며 후계농의 당찬 포부를 내보였다.

한 대표가 지은 농산물 판매는 아내 몫이다. 인천에 살고 있는 아내는 유기농으로 재배한 남편의 농산물의 강점을 살려 지인과 인터넷으로 판매하고 있다. 한 대표가 생산한 농산물이 신뢰를 쌓아가면서 소득도 매년 오르고 있다. 아내는 "남편이 생산한 농산물의 신뢰가 생기면서 매출도 늘고 있다"고 했다.

"인력이 필요하면 '도시농부'를 써요" 제천시는 도시 사람을 모집해 일손이 필요한 농촌에 보내는 도시농부를 운영하고 있다. 제천의 농부는 누구나 4시간에 6만 원의 품삯을 주고 언제든지 필요한 만큼의 도시농부를 구할 수 있다. 한 대표는 3,795㎡(1,150평)의 농사를 나홀로 짓고 있다. 언제든지 인력을 쓸 수 있는 도시농부가 있기에 가능하다고 했다.

사전 귀농 교육의 중요성

한 대표는 귀농생활에 크게 만족하고 있다. "잠이 잘 오고 잡념이 없어요" 그는 하루 종일 흙을 만지다 집에 오면 아무 생각없이 잠에 든나고 했나. 또 사람 관계에 신경을 안 쓰니 스트레스도 받지 않아 항상 몸이 가볍다고 했다. 귀농의 장점은 또 있다. 영농 일정과 하루 농삿일을 스스로 결정할 수 있다는 점이다. 도시의 회사생활에서는 꿈도 꿀 수 없는 일이다.

한 대표는 예비 귀농인들에게 인사를 잘하라고 조언했다. 귀농생활의 성공 여부는 원주민들과의 원만한 관계에 달려 있다는 것이다. 낯선 사람이 시골에 내려와 동네 사람을 보고 가장 먼저 할 수 있는 게 인사다. 한 대표는 귀농성공 조건으로 귀농하기 전 철저한 귀농교육을 꼽았다. 귀농 후에 어떤 것을 하면 늦는다는 것이다. 귀농 후 농사를 지어야 하는데, 사전에 어떤 작물을 재배할지 등을 미리 알아보는 게 귀농의 첫 단추다. "요즘 귀농교육하는 곳이 많아요. 반드시 귀농 전에 들러야 돼요" 한 대표는 사전 귀농교육의 중요성을 강조했다.

대학 교수에서
귀농인 컨설팅 변신
마을 활동가

김종탁
장흥군귀농어귀촌인연합회장

마을활동가의 주된 일은 마을 현안을 해결하고 지자체의 마을사업을 동네로 유치하는 일이다. 그는 대학에서 가르쳤던 경험을 살려 장흥군은 물론 전남도 마을의 사업계획서를 컨설팅하고 사업을 유치하고 있다.
- 2024년 10월 11일 인터뷰

귀농 7년차로 대학 교수에서 마을 활동가로 변신한 김종탁 전남 장흥군귀농어귀촌인연합회장. 김 회장은 교단을 떠나면 아내와 함께 시골에 둥지를 틀고 자연을 만끽하고 사는 소박한 꿈을 꾸었다. 귀농을 꿈꾸던 2010년 가을 어느 날, 김 회장 부부는 우연히 본 TV 프로그램에서 마음에 드는 시골마을이 눈에 확 들어왔다. 그곳은 정남진 부근의 전남 장흥군 회진면 선학동 마을이었다. 강원도에서 줄곧 살았던 김 회장 부부는 따뜻한 남쪽에서 인생 2막을 살고 싶었는데, 풍경까지 아름다운 마을을 찾은 것이다.

한 폭의 그림 같은 마을로 떠나다

　2024년 10월 11일 찾은 김 회장 시골집은 선학동 마을의 중턱에 위치했다. 거실에 앉아 보니 바깥 풍경이 한 폭의 그림을 보는 듯했다. 옹기종기 모여 있는 작은 섬들과 마을 앞의 야산에 핀 메밀꽃, 야생화가 가을철의 운치를 더했다.

　"TV를 보고 바로 마을 이장한테 전화를 걸었어요" 김 회장 귀농의 첫발은 이렇게 시작됐다. 그는 다음 해 3월부터 매년 3~4차례 마을을 방문해 마을 사람들의 얼굴을 익히고 봉사활동을 하면서 사전 귀농체험을 했다.

　김 회장은 2017년 가을 마을이장으로부터 반가운 전화를 받았다. 6년 동안 기다렸던 집을 지을 터가 매물로 나온 것이다. 땅을 매입한 후 집을 짓고 2018년 12월 신축한 집에 입주했다. "행복했죠, 집에 있어도 늘 자연과 함께하니" 김 회장은 귀농한 후 한번도 후회한 적이 없다. 퇴직 전 꿈꾸던 귀농생활을 하고 있는 것이다.

 "다시는 남들을 가르치는 일을 하지 않겠다고 다짐했는데…" 김 회장은 25년간 재직했던 대학을 나오면서 스스로 이런 약속을 했다. 김 회장은 귀농 전 강원 원주시 소재 상지영서대학에서 물리학을 가르치는 교수였다. 하지만 귀농 후 그는 또다시 가르치는 일에 발을 내디뎠다. 귀농 다음 해인 2019년 3월 전남도 마을공동체만들기지원센터 주관의 제1기 전남마을행복디자이너 과정을 마쳤다. 이 과정을 마친 김 회장은 초대회장으로 선출돼 전남과 장흥군의 마을활동가를 교육하고 이들을 네트워크하는 일을 도맡았다. 대학 교수 현직 때보다 더 바빴다.
 마을활동가의 주된 일은 마을 현안을 해결하고 지자체의 마을사업을 동네로 유치하는 일이다. 그는 대학에서 가르쳤던 경험을 살려 장흥군은 물론 전남도 마을의 사업계획서를 컨설팅하고 사업을 유치하고 있다.

부창부수하다

그가 귀농한 이후 마을이 달라지고 있다. "마을회관에서 모여 식사하는 방법을 바꿨어요" 상차림으로 식사를 하다 보니 잔반이 많이 나왔다. 또 남성들은 앉아 있고 여성들만 식사를 준비하는 게 양성평등에 어긋나게 보였다. 그래서 그는 배식 방법을 상차림에서 뷔페로 바꿨다. 효과는 대단했다. 식사때마다 나오는 잔반량은 한 접시 정도로 거의 나오지 않았다. 1회용 용기도 사라졌다. 무엇보다 부엌일을 도맡은 여성들이 식사시간에도 자유로웠다. 양성평등을 이룬 셈이다.

김 회장의 아내도 귀농해 할 일을 찾았다. 부창부수한 게 마을에 알려지면서 아내 유영숙 씨는 귀농 2년 만에 마을부녀회장이 됐다. 마을의 안살림을 챙기는 어머니 역할을 하고 있다. 취미로 배워둔 자수가 귀농 후 요긴하게 쓰이고 있다. "자수가 치매예방에 좋아요" 아내 유 씨는 회진면 18개 리 가운데 8개 리의 어르신들에게 자수를 가르치고 있다. 손놀림이 많은 자수가 치매예방에 좋다고 알려지면서 어르신 수강생이 늘고 있다.

나 홀로 귀농인은 힘들어

김 회장은 초보 귀농인의 안정적인 정착을 위해 '귀농 프로젝트'를 추진하고 있다. 선배 귀농인이 제공한 1,320㎡(400평) 유기농 고추밭을 실습장으로 쓰고 있다. 마을 앞에 있는 밭에 퇴비 등을 뿌려 유기농 만들기가 한창이다. 장흥군 회진면 인근의 안양면 16만 5,000㎡(5만 평)의 감자밭에서는 귀농한 감자 전문가가 귀농인 5명

과 함께 감자 농사를 짓고 있다. 장흥군 대덕면에서도 귀농인이 키위를 재배하고 있다.

김 회장은 장흥군 10개 읍면의 마을 활동가를 대상으로 다음 연도 마을사업 유치에 도전하고 있다. "500만 원부터 신청합니다" 김 회장은 지자체 지원의 마을사업은 처음엔 500만 원부터 시작하지만 계속사업으로 2,000만 원까지 가능해 결코 작은 예산이 아니라고 했다.

마을활동가의 역량 강화도 김 회장의 몫이다. 격주로 마을활동가 32명이 학습동아리에 참여하고 있다. 학습동아리에서 김 회장은 마을 만들기 교재로 학습을 하고 실제 마을에 적용 가능한 방안을 찾고 있다.

그가 역점을 두는 일은 귀농인들의 네트워크화다. 여기저기 흩어져 있는 귀농인들을 연결해 서로 모이고 정보를 교류하는 장을 만드는 것이다. "나홀로 귀농인은 정착하기 힘들어요" 귀농 7년을 생활하면서 깨달은 이치다. 귀농인이 함께하는 제빵과 그림, 미술 등의 동아리를 구성했다. 귀농인들이 취미 생활로 모이는 날이 늘면서 단

합은 물론 미래사업 구상에 큰 도움이 되고 있다.

그는 귀농 후 대학에서 갈고 닦은 실력을 재능기부하고 있다. 귀농 후 전원생활을 기대했던 그는 뜻하지 않게 마을활동가를 양성하는 일이 되레 삶에 활력을 주고 있다고 미소를 지었다. 재능기부가 삶의 즐거움과 행복을 가져다 준다는 것이다.

김 회장은 은퇴를 앞둔 50대가 귀농의 적임자라고 했다. "귀농하려면 초기 자본이 필요해요" 50대가 되면 어느 정도 경제력이 있어 귀농해서 수익을 내지 않아도 조급해하지 않는다. 귀농은 많은 돈을 벌어 생활하는 구조가 아니다. 적정한 수입으로 농촌생활을 하면서 행복을 찾는 게 귀농의 본질이라는 것이다.

때문에 김 회장은 청년들의 귀농을 그리 반기지 않는다. 청년들이 귀농해 당장 수익을 내지 못하거나 지자체 지원으로 작물을 재배했다가 낭패를 볼 경우 뒷감당이 되지 않아서다. "귀농해 농사를 지으면 당장 수익이 나지 않아요. 귀농은 월급이 아닙니다" 예비 귀농인이 귀담아 들어야 할 김 회장의 뼈 있는 조언이다.

여수 대표 브랜드 동백 봉오리 떡 출시

양소영
고마리 대표

양 대표는 동백 봉떡이 나오기까지 2년 가량의 시행착오를 겪었다. "여수만의 특별한 떡을 만드는 것은 여간 힘들지 않았어요" 여수만의 재료로, 여수를 대표하는 뭔가를 만들어내는 일은 창작의 고통이었다고 그는 돌아봤다.

- 2024년 8월 1일 인터뷰

6년 전인 2018년 어느 가을날, 전남 여수시 돌산읍에서 지인의 초대를 받고 하룻밤을 묵었다. 밤하늘에서 쏟아지는 별빛으로 밤잠을 이루지 못했다. 지금도 그날의 별밤을 잊을 수가 없다. 농업회사법인 고마리 양소영 대표는 그날 결심했다. 이곳에서 귀농의 삶을 살기로…. 양 대표의 귀농 계기는 단순했다. 그냥 하룻밤 묵은 별빛의 황홀함을 잊지 못해 농촌생활을 시작하게 된 것이다.

별빛의 황홀함을 간직한 귀농

"도시 생활을 다 접었어요" 양 대표는 얼마 후 지인에게 주변의 농지를 사달라고 부탁했다. 농촌생활을 한번도 해 보지 않았던 그에겐 무모한 도전처럼 보였다. 마침 인근의 옥수수가 심어진 밭이 매물로 나왔다. 양 대표는 망설임 없이 그 밭을 샀다. 그에게 여수는 낯설지가 않다. 국악인으로 살아온 그는 여수 도심에서 갤러리를 운영했다. 지인과 손님맞이용으로 갤러리 한 켠에 차와 음식을 먹을 수 있는 카페 공간을 마련했다. 차와 음식을 먹어본 지인들은 찻집을 차려도 될 정도로 솜씨가 있다고 칭찬했다.

그 칭찬 덕분일까? 양 대표는 귀농 후 고마리라는 농업회사 법인을 차렸다. 고마리는 야생화다. 고마리는 시골 어디에서나 볼 수 있는 식물로 물을 정화하는 기능이 탁월하다. 또 약용으로도 쓰이는 고마리는 자생능력이 뛰어나다. 농업법인 고마리는 '식물 고마리처럼 긴 생명력을 유지하고 악착같이 견디고 살아남자'라는 의미를 담고 있다.

양 대표는 귀농의 목표를 세웠다. "전주에는 초코파이 빵이, 군

산에는 이성당 제과점이…" 그럼 여수하면 떠오르는 '대표 브랜드'를 "내가 만들어 보겠다"는 야심찬 귀농 프로젝트를 구상했다. 그게 바로 '동백 봉떡'이다. 여수의 시화인 동백의 봉우리 모양을 형상화한 떡을 만드는 것이다.

  하지만 여수를 대표하는 떡을 만드는 일은 그리 호락호락하지 않았다. 떡집을 운영해온 지인이 도움을 주겠다는 얘기에 덥석 떡을 만드는 기계를 구입했다. 하지만 그 지인은 이후 연락을 끊어버려 마음 고생을 한 적이 있다. 양 대표는 전남 영광의 모싯잎 떡 가게를 무작정 찾아갔다. "지푸라기도 잡는 심정으로 떡집이라면 어디든 가야 했어요" 영광에서 10일간 숙식을 하며 떡을 만드는 방법을 배웠다. 전북 전주도 갔다. 떡을 배울 수 있는 곳이라면 어디든 발 벗고 찾아다녔다.

여수만의 특별한 떡, 동백 봉떡

2024년 8월 1일 찾은 여수 돌산 숙포리 고마리 떡집. 아담하고 이국적인 건물에 들어서니 다양한 떡을 제조할 수 있는 체험장과 차를 마실 수 있는 공간이 눈에 띄었다. 건물 뒷편에는 동백나무와 라벤더가 심어져 있었다.

양 대표는 동백 봉떡이 나오기까지 2년 가량의 시행착오를 겪었다. "여수만의 특별한 떡을 만드는 것은 여간 힘들지 않았어요" 여수만의 재료로, 여수를 대표하는 뭔가를 만들어내는 일은 창작의 고통이었다고 그는 돌아봤다.

동백 봉떡의 주 재료는 찹쌀이다. 찹쌀로 떡을 만드는 것은 쉽지 않았다. 찹쌀은 찰기가 많아 동백의 봉우리 모양을 내기가 어려웠다. 동백 봉떡의 재료는 지역에서 나는 친환경 농산물이다. 친환경 인증쌀과 가마솥으로 삶은 국산 팥, 여수돌산갓 분말가루, 동백 허브 오일을 재료로 쓰고 있다. 해풍쑥과 옥수수 분말, 비파 등 열매를 이용해 다양한 색을 내고 있다.

양 대표는 2022년 당시 유행하던 여수딸기 모찌와의 경쟁에 나섰다. 일본의 영향을 받은 것인지 모찌에 딸기를 넣은 '딸기 모찌'가 여수를 찾은 관광객과 SNS(소셜네트워크 서비스)에 소문이 나면서 대박이 났다.

"동백 봉떡으로 딸기 모찌를 이겨보고 싶었어요" 여수 시내에 가게를 내고 본격적인 광고와 마켓팅에 나섰다. 모찌보다는 여수 특산 프리미엄 떡 동백 봉떡을 사서 먹자는 캐치 프레이즈를 내걸었다. 하지만 이미 포털 사이트에 딸기모찌 검색이 자리를 잡으면서 봉떡

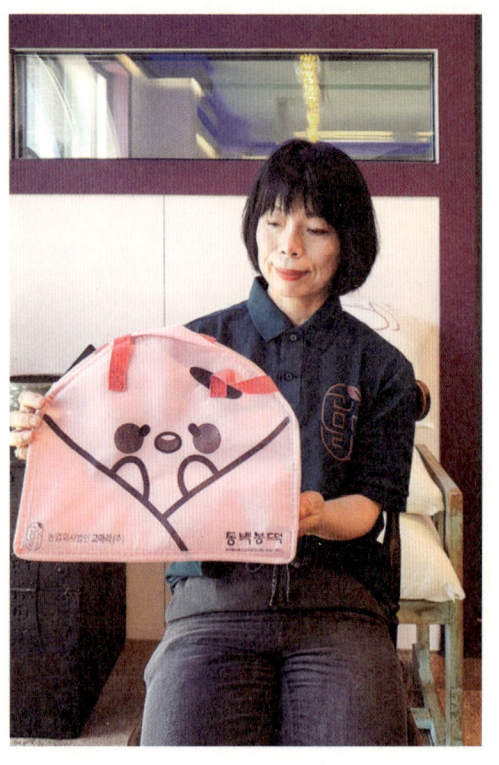

마켓팅은 쉽지 않았다. "동백 봉떡에 딸기 모찌처럼 딸기를 넣었어요." 딸기 모찌를 잡기 위해 봉떡에 지역에서 생산되는 딸기를 넣었다. 딸기를 베이스로 동백 봉떡의 변신을 꾀한 전략은 적중했다.

동백 봉떡은 이제 어느 정도 자리를 잡았다. 연간 매출이 6억 원 정도다. 딸기 모찌만을 찾던 손님도 이젠 동백 봉떡으로 갈아타고 있다.

6차 산업 발굴에 도전

양 대표는 동백 봉떡 외에도 동백 식용 오일과 동백 잎차 등 동백을 활용한 다양한 6차 산업 발굴에 도전하고 있다. "동백 식용 오일은 아침 공복시 티스푼으로 먹으면 다이어트에 좋아요" 그는 동백잎을 블렌딩한 다양한 차를 준비하고 있다.

양 대표는 체험에 중점을 두고 있다. 6차 산업인 동백 봉떡의 활성화를 위해서는 농장 체험이 필수라는 게 그의 생각이다. 떡 만들기와 갓김치 만들기, 라벤더 체험을 할 수 있는 치유관광농원을 준비하고 있다.

양 대표는 귀농할 경우 정부나 지자체의 지원사업에 관심을 가져보라고 당부했다. 일정 정도의 자부담을 하면 귀농자금 지원이 가능하다는 것이다. 예비 귀농인들에게 그는 어느 정도의 자금을 준비할 것도 조언했다. "귀농할 경우 당장 수익을 내기는 어려워요" 양 대표는 수익이 나올 기간을 버티지 못해 역귀농하는 경우도 있다고 했다. 적어도 2년간 귀농 수입이 없어도 생활이 가능할 정도의 자본이 필요하다고 귀띔했다.

양 대표는 원주민과의 갈등에 대해서는 시간이 지나면 해결된다고 조언했다. 그도 처음엔 '나홀로 귀농'에 마을 사람들의 곱지 않은 시선에 당황했다. 하지만 시간이 지나니 서로 이해하고 상생하는 길이 생겼다고 웃음을 지어 보였다.

초임 발령지서
대 박 난
딸기 농사

강갑선
경남 함양군 귀농귀촌연합회 부회장

강 부회장의 귀농 목표는 생태교육원 조성이다. 그는 현대인의 마음과 몸의 질병을 농업에서 치유하는 길을 모색하고 있다. "자연에서 농업으로 얼마든지 치유가 가능해요"

– 2024년 8월 9일 인터뷰

2024년 8월 9일 찾은 경남 함양군 지곡면의 풍광은 아늑했다. 얕은 산세에 넓은 들녘이 사람의 마음을 편하게 했다. 이런 곳에 살면 누구라도 넉넉한 인심에 여유로운 생활을 할 수 있을 것 같았다. 경남 함양군 귀농귀촌연합회 강갑선 부회장은 2021년 2월 이곳에 '귀농둥지'를 틀었다. 이곳은 강 부회장의 초등학교 초임 발령지다. 30년 전 처음 교단에 섰던 자리에서 인생 2막의 장을 연 것이다.

이곳에 귀농한 것은 우연이 아니다. "처음 학교에 왔는데, 주변 환경이 너무 좋았어요" 그는 지금도 30년 전 그날의 설렘을 안고 있다. 30년 전 그는 "퇴직하면 여기서 살고 싶다"는 꿈을 꾸었다. 강 부회장은 2021년 2월 정든 교직을 떠났다. 30년 전 나홀로 한 약속을 지키기라도 하듯 이곳으로 삶의 터전을 옮겼다.

30년 전 설렘을 안고 돌아오다

"자연으로 돌아가고 싶었는데, 그 약속을 지킨 것이죠" 강 부회장은 퇴직 후 곧바로 군농업기술센터에서 운영하는 체류형 귀농학교에 입학했다. 9개월 과정의 귀농학교에서 그는 귀농에 필요한 기본적인 교육을 받았다. 주택과 농지 매입은 물론 재배 작물 선정, 재배 방법, 농업기술 등 귀농의 기본을 배웠다. 건설업을 하는 남편도 강 회장의 귀농에 동참했다.

강 부회장은 지자체에서 하는 귀농교육에 무조건 참여했다. 귀농 다음 해인 2022년 1년 과정의 신규농업인을 대상으로 하는 현장연수는 그에게 단비 같은 교육이었다. 직접 작물을 재배하는 실습 위주의 교육이 귀농의 큰 자산이 됐다.

강 부회장의 귀농 재배 작물은 딸기다. 우연한 기회에 딸기를 재배하는 이웃집 비닐하우스를 들른 게 계기가 됐다. "저도 딸기를 기를 수 있을까요?" 이 한마디에 이웃집 아주머니는 흔쾌히 비닐하우스 660㎡(200평) 규모의 1동을 내줬다. 시험 삼아 길러 보라며 아무런 조건도 달지 않았다. 이웃집에서는 여러 동의 비닐하우스 딸기 재배를 했다. 그중 1동을 강 부회장에게 선뜻 내주고 멘토 역할까지 자처했다. 강 부회장은 인심 좋은 이웃집의 도움으로 1년간 마음대로 딸기를 재배해 봤다.

"옆에서 아무때나 궁금한 것을 물어볼 수 있어서 너무 좋았어요" 강 부회장은 육묘에서 이식, 순따기, 수확 방법 등까지 딸기 재배 방법을 현장에서 배울 수 있었다.

딸기는 농부의 땀으로 자란다

강 부회장은 딸기 재배에 자신이 생겼다. 그래서 2023년 시험 재배하던 비닐하우스를 매입하고 직접 농사를 지었다. 하지만 딸기를 키우는 것은 쉽지 않았다. 학생들을 가르치는 것보다 더 어려웠다.

딸기 농사의 가장 어려운 점은 일할 사람을 구하는 일이다. 동시에 여러 사람이 해야 되는데, 농촌에는 그럴 만한 인력이 절대 부족했다. 농사는 시기가 있다. 일손을 구하지 못해 시기를 놓치면 한 해 농사를 망치게 된다. 딸기 농사는 9월에 식재하고 두 달 후인 11월부터 수확에 들어간다. 수확은 다음 해 5월까지 계속된다. 수확을 마치면 육묘 작업을 한다. 1년 내내 비닐하우스에서 땀을 흘려야 탐스런 빨간 딸기를 수확할 수 있다. 농부의 땀을 먹고 사는 게 딸기다.

 딸기를 심고 수확할 때는 부지깽이도 일손을 도울 정도로 바쁘다.
 강 부회장의 일손에 도움을 준 것은 귀농학교 동기들이었다. 그는 귀농학교에서 동고동락한 동기생 30가구 가운데 수료를 마친 26가구로 협동조합을 결성했다. 조합원끼리 품앗이를 하면서 부족한 일손을 서로 메웠다. 농사 정보도 서로 공유하면서 귀농의 정을 쌓았다. 그는 귀농학교 동기들이 아니었으면 딸기 맛을 보지 못했을 것이라고 했다.
 강 부회장의 딸기 재배 성적표는 '우수'했다. 지난해 딸기는 1개 동에서 2kg짜리 4,500상자를 판매해 3,000만 원의 매출을 올렸다. 3개동에서 나온 매출만 1억 원에 육박했다. 순수익은 6,000만 원이 넘었다.
 "맞아요. 한 해 농사를 지어 투자비를 거의 회수했어요" 귀농 4년 만에 그는 딸기 부자가 됐다. 딸기 수확에서 그는 귀농의 보람과 재미 두 가지를 모두 얻었다. 내친 김에 딸기 농사를 더 늘릴 계획이다. 또 2025년에는 비닐하우스 옆에 땅을 구입해 꿈꾸던 집을 지었다. 강 부회장은 귀농 후 줄곧 주택을 임대해 살고 있었다. 2025년 귀농 후 내 집 마련의 꿈을 이룬 것이다.

자연과 농업을 통한 치유

강 부회상의 귀농 목표는 생태교육원 소성이다. 그는 현대인의 마음과 몸의 질병을 농업에서 치유하는 길을 모색하고 있다. "자연에서 농업으로 얼마든지 치유가 가능해요" 그는 농업치유사 자격증을 따기 위해 주경야독을 하고 있다.

강 부회장은 예비 귀농인에게 귀농 전에 반드시 지자체의 농업사관학교를 다녀야 한다고 조언했다. 실제 농촌에 살면서 귀농이 자신에게 맞는지 시험해 볼 수 있는 좋은 기회라는 것이다. 그는 또 귀농 후 원주민들의 관행에 동화돼야 한다고 충고했다. 귀농해 시골살이를 하다 보면 자연히 자신의 공간을 오픈하게 되고, 원주민들의 간섭은 불가피하다는 것이다. 그는 "자신을 열지 않고 외롭게 살다가 결국 다시 돌아가는 역귀농인을 더러 봤다"고 했다. 자신의 마음을 열 자신이 없으면 귀농하지 말라고 그는 일침을 놓았다.

제3장
"아파서 왔는데…" 자연치유

매출 100억 제과점보다 몸이 먼저

박귀심
전 박찬회 화과자 대표

박 씨는 남편과 함께 농장 옆에 제과제빵 체험교실을 운영하고 있다. 시골마을에서 제과제빵 명인의 솜씨를 한껏 발휘하고 있다. 제과제빵 체험에 들어가는 재료는 박 씨가 손수 만든 친환경 제품들이다.
– 2023년 3월 17일 인터뷰

나무가지마다 봄기운이 움튼 2023년 3월 17일 전남 순천시 승주읍 조계산 정상 부근. 귀농인 박귀심 씨는 높이 1.5m, 지름 1m가량의 커다란 원통형 고무통에 음식물 찌꺼기를 한가득 넣었다. 박씨는 설거지할 때마다 나오는 밥과 과일 껍질, 생선뼈를 버리지 않고 잔반통에 모아둔다. 고무통에서 이 음식물 찌꺼기는 자연스럽게 발효가 되면서 액체비료가 된다. 뒷뜰 한 켠에 숙성 정도가 다른 이런 고무통 10개가량이 줄지어 있다. "내가 짓는 농사에는 화학 비료를 전혀 쓰지 않아요" 박 씨는 비료나 약이 아닌 액비만을 사용해 건강한 흙을 만들고 여기에 작물을 심고 가꾼다. 오로지 '자연의 힘'으로 농사를 짓는다.

평생을 바친 보물을 포기하다

박 씨는 곧바로 종종걸음으로 100여m 떨어진 닭장으로 향했다. 산에 흩어져 있던 100여 마리의 닭이 박씨의 발자국 소리를 듣고 모여들었다. 채소와 먹다 남은 음식물, 고구마 등 시골에서 흔히 보는 닭 모이를 뿌려줬다. 시중에서 파는 닭 사료는 한 톨도 없었다. 그의 발걸음은 어느새 텃밭으로 옮겨갔다. 200㎡(60평)의 텃밭에는 지난 가을에 씨로 뿌린 마늘이 겨울을 이겨내고 파릇파릇한 싹을 틔웠다. 박 씨는 마늘싹 주변의 흙을 돋우고 잡초를 뽑아줬다.

12년째 귀농생활을 하는 박 씨의 하루는 여느 농부와 다르지 않았다. "시골에서는 부지런하지 않으면 살지 못해요" 그는 도시에 살 때보다 시골생활이 더 바쁘다고 했다.

박 씨의 귀농은 갑작스럽게 이뤄졌다. 귀농 전에 그는 매출 100

억 원대의 제과점을 운영하는 성공한 사업가였다. 전남 순천의 시골 소녀는 1968년 서울로 올라가 제과제빵학원을 다녔다. 그는 1995년 학원에서 만난 남편과 '박찬회 화과자' 가게를 오픈했다. 전국을 누비고 다니면서 화과자에 들어가는 신선하고 제일 좋은 재료만을 구입했다. 입소문이 나기 시작하면서 서울의 주요 백화점에 납품을 하게 됐다. 한번 맛을 본 손님들은 백화점이 문을 열기 전부터 긴 줄을 서서 화과자가 나오기만 기다렸다. 연간 매출은 100억 원을 훌쩍 넘겼다. 어린 나이에 시골에서 상경해 갖은 고생 끝에 제빵 분야에서 '명인'의 타이틀을 거머쥐었다.

　이렇게 잘 나가던 그의 사업가 인생에 제동을 건 것은 암이었다. 박 씨는 2010년 가을 무렵, 몸에 손만 대도 이루 말할 수는 통증에 시달렸다. 온몸이 축 처지는 무기력증에 빠지기도 했다. 박 씨는 "피부에 살짝 스치기만 해도 바늘로 찌르는 것 같은 통증에 차라리 죽고 싶은 심정이었다"고 당시의 고통을 토로했다.

결국 병원에서 종합검진을 한 결과, 대장암과 유방암, 갑상선암 등 한꺼번에 3가지 암이 발견됐다. 처음엔 여느 암환자처럼 하늘을 원망했다. 내로라하는 병원에서 6개월 간격으로 3번에 걸친 수술을 했다. 수술을 했지만 생활패턴을 바꾸지 않으면 죽을 수 있다는 의료진의 진단은 사형선고나 다름없었다.

환갑을 3년 앞둔 쉰일곱, 2011년 봄에 그는 모든 것을 내려놓았다. 살기 위해 평생을 바쳐 일군 보물 1호인 제과점을 포기했다. 그에겐 귀농이 유일한 선택지였다. 그날 박 씨는 간단한 생활용품만 차에 싣고 곧바로 순천 승주로 향했다. 그의 늦깎이 귀농은 이렇게 쫓기듯이 시작됐다.

친환경 농업 전도사

공기 좋고 물 좋은 조계산에 터를 잡고 집을 짓기 시작했다. 건축자재는 철과 못, 스티로폼이 아닌 편백나무와 황토흙을 사용한 '자연의 집'을 지었다. 난방은 가스나 연탄이 아닌 아궁이에 불을 지피는 전통 방식을 택했다.

귀농 첫날 그는 조용히 인생을 되돌아봤다. 박 씨는 "제과점을 운영하면서 받은 스트레스가 암세포 발생의 원인이었다"고 스스로 진단했다. 블랙 컨슈머들이 불현듯 떠올랐다. 화과자를 10박스 주문한 한 고객은 며칠 후 전화를 걸어 "화과자에서 손톱이 나왔다"고 항의

했다. 조사결과 자작극으로 드러났지만 화과자에 나쁜 이미지가 덧입힐까 봐 위자료를 주고 합의를 한 사건이 10년도 지났지만 어제 일처럼 생생하게 떠올랐다. 15년 전 '독극물 사건'은 트라우마까지 생겼다. "돈을 주지 않으면 화과자에 독극물을 넣겠다"는 협박 전화에 3일간이나 백화점 납품을 중단했다. '나쁜 소비자'들을 상대하는 것은 빵을 만드는 일보다 더 어려웠다.

귀농하자마자 박 씨는 무조건 밭을 일구고 농작물을 심는 등 일부러 고된 육체 노동을 했다. 머리를 비우기 위해서다. 그렇게 9년을 흙에 파묻혀 살았다. 조계산 정상 부근에 15만㎡(4만554평) 규모의 농장 2개를 일궈냈다. 이들 농장에서는 고사리와 취나물, 두릅,

버섯 등 다양한 먹거리 작물이 자라고 있다. 또 수백 마리의 닭이 방목으로 사육되고 있다. 박 씨는 지인들이 농장에서 농사체험을 하고 숲속에서 휴양하는 것을 보고 일반인에 개방하기로 했다. 체계적인 농장체험을 위해 호접치자연팜이라는 농장법인을 만들었다. "농장에 오면 건강한 농사법을 배우고 체험할 수 있어요" 박 씨는 자연의 힘으로 농작물을 키우고 보급하는 '친환경 농업의 전도사'가 됐다.

다시 시작한 제과제빵의 길

4년 전 그는 암 완치 판정을 받았다. 이맘때 남편도 서울 생활을 정리하고 농장으로 내려왔다. 박 씨는 남편과 함께 농장 옆에 제과제빵 체험교실을 운영하고 있다. 시골마을에서 제과제빵 명인의 솜씨를 한껏 발휘하고 있다. 제과제빵 체험에 들어가는 재료는 박 씨가 손수 만든 친환경 제품들이다. 이날도 제과제빵의 소스로 들어갈 감과 사과의 숙성 정도를 살펴보는 그의 손길에서 명인의 향기가 났다. 체험장 바닥에는 자연의 약초를 담은 수십여 개의 발효통이 익어가고 있었다. 인공의 식품이 첨가되지 않는 자연산 소스로 그는 새로운 빵을 굽는 게 그의 작은 바람이다.

박 씨는 예비 귀농인들에게 한 가지를 당부했다. 직장생활을 한다면 토, 일, 공휴일에 가까운 귀농귀촌센터 등 교육기관을 찾아 소득이 될 만한 작물 재배법을 배워야 한다는 것이다. 그는 "무작정 귀농은 반드시 실패한다"며 "목적이 있는 귀농을 해야 한다"고 조언했다.

전통주 빚으니
폐암 말기
완   치

함지애
지애의 봄 향기 대표

첫날밤과 처음이라는 뜻의 초야는 '설레는 마음으로 빚는 술'이라는 의미를 담고 있다. 초야는 혼양주법의 백화주로, 2021년 대한민국 명주대상 청주 부문 대상을 거머쥐었다.

– 2023년 2월 24일 인터뷰

그의 얼굴은 무척 밝았다. 어느 봄날에 내리쬐는 봄볕처럼 화색이 돌았다. 14년 전 선고받은 임환자의 기색은 이디에서도 찾아볼 수 없었다. 전북 김제에서 귀농 10년차 함지애 '지애의 봄 향기' 대표는 2023년 2월 24일 "시골에서 좋은 공기 마시고 육체 노동을 하다 보니…"라며 웃었다. 함 대표가 건강을 되찾은 것은 오로지 '청정한 자연' 덕분이다. 또 밤낮없이 콩을 심고, 가꾸고, 수확하면서 생긴 튼튼한 근육도 건강의 비결로 그는 꼽았다.

  고향 김제에서 고등학교를 마친 함 대표는 서울로 올라갔다. 그는 서울 동대문과 남대문에서 의류 도매업으로 꽤 많은 돈을 벌었다. 자수성가를 했다. 일본 손님이 줄을 서서 기다릴 정도로 그의 가게는 항상 붐볐다. 하지만 일하는 작업환경은 좋지 않았다. 섬유에서 나는 먼지로 늘 기침을 달고 살았다.

암을 이기기 위해 선택한 귀농

  2009년 어느 날 함 대표는 등 쪽에서 참을 수 없는 통증에 시달리다 병원을 찾았다. 폐암 1기 선고를 받았다. 담당의사는 조기에 폐암이 발견돼 그나마 천운이라 했다. 수술도 잘 마쳤다. 여기서 암 투병생활이 끝나는가 했다. 하지만 2년 후 더 무서운 폐섬유증이 발견됐다. 폐가 서서히 굳어가는 질환으로 생명까지 위협했다. 마흔 후반에 그는 왼쪽 갈비뼈 하나를 12cm나 절개하는 수술을 했다.

  건강을 위해서, 2012년 10월 함 대표는 모든 것을 내려놓고 고향인 김제로 향했다. 귀농한 함 대표는 식초를 선택했다. 함 대표는 식초가 몸에 좋다는 확신을 갖고 있었다. 세계적으로 식초 관련 연구

는 활발한 데다 식초 연구자들이 노벨생리의학상을 3차례나 수상했기 때문이다. 다행히 김제 인근의 완주혁신도시에 농촌진흥청이 있었다. 이곳에서 그는 식초 제조법을 배웠다. 귀농의 초점은 그의 건강에 맞춰져 있었다.

친환경 전통주로 빚어낸 기적

식초 제조를 하면서 그는 자연스레 전통주에 관심을 갖게 됐다. 그는 "찹쌀과 누룩을 항아리에 담아 석 달이 지나면 알코올 15% 정도의 술이 된다"며 "여기에 물을 넣어 6% 정도로 도수를 낮추면 식초가 된다"고 했다. 식초와 술은 한 항아리에서 나온다는 얘기다.

그러던 중 우연히 그를 전통주에 빠지게 한 은인을 만났다. 김제시 전통가양주연구회 임종기 회장이다. 함 대표는 "여느 날처럼 동네를 산책하다가 들판에서 일하고 있던 임 회장 부부를 만났다"며

"임 회장의 권유로 전통가양주연구회에 가입을 하게 됐다"고 했다. 함 내표는 본격적인 전통주 만들기에 매달렸다. 김제농업기술센터와 농수산대학 등 각종 기관에서 전통주 담그는 방법을 배웠다. 전통주 스승이 있다면 어디든지 달려갔다. 지금도 김제와 서울을 오가며 전통주 스승을 만나 부족한 점을 채워가고 있다. 전통주가 그의 삶을 바꿔놓았다.

함 대표는 전통주를 빚으면서 한 가지 원칙을 세웠다. 직접 지은 농산물로 전통주 재료로 사용한다는 것이다. 그는 1만5,000㎡(5만 평) 논밭에 벼와 보리, 콩 등 친환경 농사를 지었다. 여기서 나온 쌀과 누룩, 꽃으로 전통주를 빚었다. 자연히 친환경 전통주를 빚은 셈이다.

귀농 5년차가 되자 몸이 좋아졌다. 고된 농삿일을 해도 그렇게 피곤하지는 않았다. 함 대표는 "귀농 초기에 10kg짜리 포대를 들지 못해 이웃집 사람을 불렀다"며 "5년 정도 되니 20kg짜리 쌀포대를 거뜬히 들어올렸다"고 했다. 2017년 병원을 갔다. 검사결과 암 완치 판정을 받았다. 귀농생활 5년 만에 암세포와 작별을 한 것이다. 그는 건강을 유지하기 위해서 완전한 농부가 되기로 작정했다.

함 대표는 2019년 자신의 이름을 따 '지애의 봄 향기'라는 사업장을 열고 본격적인 전통주 제조와 판매에 나섰다. 사업장에는 식품제조 가공시설을 비롯해 발효, 숙성시설, 체험장, 저온저장고 등을 갖췄다. 그는 농어촌체험지도사와 천연발효식초 제조관리사, 전통장류제조사, 꽃차 소믈리에 등 많은 자격증을 땄다.

함 대표는 자신의 전통주 실력이 어느 정도인지 평가를 받고 싶

었다. 2019년 11월 충남도 농업기술원 주관의 '우리 발효술 경연대회'에 자신이 빚은 전통주를 출품했다. 생각지도 않은 대상을 수상했다. 이후에도 그는 크고 작은 전국 경연대회에서 대상을 휩쓸었다. 지난해에는 한 지역방송사 주관의 전통주 경연대회에서 심사결과 3개 부분 모두 대상을 수상했지만 한 부분의 대상을 양보할 정도로 출중한 실력을 선보였다.

2021년 1월은 함 대표가 그동안 갈고 닦은 전통주의 결실이 나온 날이다. 바로 '초야'다. 국내 전통주의 시조로 불리우는 박록담 선생이 직접 지어준 이름이다. 첫날밤과 처음이라는 뜻의 초야는 '설레는 마음으로 빚는 술'이라는 의미를 담고 있다. 초야는 혼양주법의 백화주로, 2021년 대한민국 명주대상 청주 부문 대상을 거머쥐었다. 연거푸 상을 타면서 "귀농에 성공했다"는 말을 자주 듣곤했다.

그는 목표가 하나 생겼다. 술 품평회에 나가 대통령상을 타고, 대통령실에 초야를 납품하는 것이다.

건강을 되찾은 함 대표는 기부의 삶을 그려가고 있다. 2019년부터 경진대회에서 부상으로 받은 상금을 전액 기부했다. 또 자신이 지은 쌀과 보리, 콩으로 미숫가루를 만들어 독거노인이나 결손가정에 나눠주는 봉사를 하고 있다. 그는 일제 강점기 김제평야의 쌀과 보리를 수탈해 가던 통로인 역전-동원 도로에 놀이문화공간을 조성할 계획이다. 함 대표는 "수탈의 아픔이 있는 잿배기길(도로)이 공동화 현상으로 침체돼 있다"며 "도시 재생과 활력을 불어넣는 문화거리를 만들고 싶다"고 했다.

그는 전통주 산업을 문화콘텐츠로 발전시키고 강소농의 모델을 만들기 위해 '징게맹갱우리술협동조합'을 설립했다.

SNS를 통해 신뢰를 쌓아라

함 대표는 전통주의 멘토로 활동하고 있다. 2021년부터 40대 예비 귀농인 등 5명에게 그동안 배우고 경험한 비법을 전수하고 있다.

그는 예비 귀농인에게 자신만의 'SNS플랫폼'을 만들라고 조언했다. 함 대표는 귀농 첫날부터 블로그를 작성했다. 시시콜콜한 것부터 어떻게 전통주를 만드는지, 그 제조 과정을 모두 담았다. 블로그 귀농일기가 신뢰를 얻으면서 식초와 전통주를 판매하는 데 큰 역할을 하고 있다. 귀농 예비단계에서부터 어떻게 귀농을 준비하고 있는지 꼼꼼하게 SNS에 올리면 이게 앞으로 큰 자산이 된다는 것이다.

함 대표는 귀농은 결코 쉬운 일이 아니라고 충고했다. 때문에 정착 전에 집을 짓거나 논·밭을 사지 말 것을 당부했다. 그는 "귀농 후 3년이 귀농 성패를 좌우한다"며 "이 기간에 어떤 작물을 재배할지, 어떤 귀농을 할지 현실적으로 부딪혀야 한다"고 했다.

백약이 무효이던 아토피, 작두콩차 마시니 깨끗

홍여신
도두맘 대표

홍 대표의 목표는 자신의 농장을 강진의 랜드마크로 만드는 것이다. 1~2년 안에 작두콩의 가공 산업화와 이를 통한 관광 산업의 기반을 다지는 게 홍 대표 부부의 바람이다.

– 2023년 3월 10일 인터뷰

농업회사 '도두맘' 홍여신 대표, 그는 사진작가다. 2014년 5월 봄꽃이 흐드러지게 핀 어느 날 홍 대표는 남편과 함께 카메라를 메고 작품사진을 찍기 위해 전남 영암 월출산에 가는 길이었다. 탐진강이 훤히 내려다보이는 전남 강진군 군동면 석교 마을 앞에서 가던 길을 멈췄다. 강에서 하얗게 피어오르는 물안개 장관을 놓칠 수 없어서다. 그는 순간 "여기에 그림 같은 찻집을 차리면 참 좋겠다"는 생각을 했다. 물안개 장관을 보고 월출산의 절벽에서 철쭉꽃을 배경으로 촬영한 사진이 그해 한국관광공사 주관 대한민국사진공모전에서 금상을 받았다.

그림 같던 '그곳'으로 귀농하다

서울에 올라온 홍 대표는 '그곳'이 머릿속에서 떠나지 않았다. 석교 마을 이장에게 "집이나 땅이 매물로 나오면 연락을 달라"고 부탁했다. 얼마 후 연락이 왔다. 빈집이 나왔으니 계약을 하라는 것이었다. 홍 대표는 고민할 필요가 없었다. 곧바로 계약금을 입금하고 집을 샀다.

2023년 3월 10일 농장에서 만난 홍 대표는 당시 집과 땅을 샀지만 귀농의 길은 그리 쉽지 않았다고 회상했다. 남편을 설득하고 잘 다니던 회사를 하루 아침에 그만두는 게 못내 아쉬웠다고 했다. 2014년 가을, 홍 대표는 남편에게 여행을 가자고 제안했다. 여행 목적지는 석교 마을이었다. 그는 계약한 집에 도착해 남편에게 열쇠를 건넸다. 남편은 깜짝 놀랐다. 홍 대표는 왜 귀농해야 되는지 이유를 설명했다. 홍 대표는 15년 전에 이사간 새 아파트에 살면서 아토

피가 생겼다. 아토피는 그의 생활을 송두리째 앗아갔다. "하루 종일 온몸을 긁었어요" 홍 대표는 한여름에도 긴 팔을 입었다. 사람을 만날 때도 아토피로 흉측해진 손을 제대로 내놓지 못했다. 아토피에는 백약이 무효였다. 오히려 약에 중독되고 내성만 키워 증상이 더 악화됐다.

홍 대표는 결국 남편과 함께 아토피 치료를 위해 귀농을 선택했다. 6개월간 귀농 준비를 했다. 2015년 8월 서울 토박이인 홍 대표 부부는 귀농생활을 시작했다. 홍 대표는 1년 전에 찍어뒀던 그 자리에서 귀농의 둥지를 틀었다.

나무는 물만 준다고 자라지 않는다

하지만 삽질 한번 해 보지 않았던 홍 대표 부부의 귀농은 호락호락하지 않았다. 모든 게 처음해 보는 일로 낯설고 서툴었다.

귀농 첫해 가을에 홍 대표는 마을 사람들을 따라 양파를 심었다. 1,089㎡(330평) 밭에 양파를 심는데 꼬박 석달이 걸렸다. 마을 사람들이라면 보름이면 끝낼 일이었다. 다음 해 홍 대표는 3,960㎡(1,200평) 정도의 밭을 더 구입하고 집을 지었다. 홍 대표는 텃세를 부리지 않는 동네 사람들에게 '마음의 문'을 열었다. 어르신들의 눈에 든 홍 대표는 마을 일을 도맡아 하는 부녀회장이 됐다. 마을 사람들은 젊은 홍 대표 부부에게 농사를 지으라며 밭 농사도 맡겼다. 임차한 밭만 3만3,000㎡(1만 평)이 넘었다. 홍 대표는 1만1,550㎡(3,500평)에 양파 농사를 지었다. 하지만 양파값이 폭락하면서 홍 대표는 큰 손해를 봤다. "양파 심고 수확하는 데 들어간 인건비조차 못 건졌어요" 홍 대표는 농사 실패의 쓴 맛을 봤다.

홍 대표는 다음 해 작목을 바꿨다. 당시 항암과 아토피 치료에 좋다는 그라비올라가 유행했다. 겁도 없이 7,000만 원을 들여 그라비올라 6,000주를 심었다. 그라비올라는 열대지방에서 자라는 식물로 온도에 민감하다. 기후 조건을 견디지 못한 그라비올라는 자고 나면 고사하기 시작했다. 열매 한번 따 보지 못하고 이번에도 돈만 날렸다. 또 수익률이 좋다는 소문을 듣고 마키 밸리를 심었다. 마키 밸리도 칠레 남부 태평양 연안 다우림 지역이 원산지다. 당시 농부들은 이런 재배 조건을 따지지 않고 한집 건너 마키 밸리를 심을 정도로 유행했다. 홍 대표도 5,000주를 심는 데 7,000만 원이 들었다.

나무는 물만 주면 그냥 자라는 게 아니었다. 역시 열매는 맛도 보지 못하고 실패했다. "묘목 장사 좋은 일만 시킨 것 같아요" 홍 대표는 때 늦은 후회를 했다. "뭐가 잘된다"는 소문만 듣고 경험과 공부도 없이 뛰어든 게 잘못이었다.

하지만 마키 밸리 사이에서 '뜻밖의 보물'을 발견했다. 바로 작두콩이다. 마키 밸리 묘목을 살 때 공짜로 얻어온 작두콩을 심었는데, 수확이 괜찮았다. 작두콩은 무엇보다 재배가 쉬웠다. 초보 농사꾼에게는 안성맞춤의 작물이었다.

홍 대표 부부는 곰곰히 생각했다. 귀농 후 2년간 연속된 실패의 원인이 무엇인지 따져 봤다. 귀농자금도 바닥날 지경이었다. 또다시 실패할 경우 빚더미에 나앉게 될 처지였다. 절박한 상황이었다.

그래서 작물을 선택할 때 다섯 가지의 원칙을 정했다. 가장 큰 원칙은 누구나 재배할 정도로 키우기 쉬운 작물인지를 파악했다. 누구나 먹을 수 있는 맛과 보관이 용이한지도 중요했다. 저장 기간도 농부에겐 빠뜨릴 수 없는 부분이었다. 마지막으로 유행을 타지 않는 작물을 고르는 것이었다. 귀농 실패에서 얻은 값진 교훈이었다.

작두콩이 이 5대 원칙에 딱 맞았다. 홍 대표는 농업회사 '강진 도깨비 농장'을 설립하고 본격적인 작두콩 재배에 나섰다. 천연 유기질 발효 퇴비를 직접 만들었다. 강진의 특산물 장어를 원료로 청초와 골분 액비를 제조했다. 큰 통에 약성이 가장 좋은 10월에 구입한 장어와 생선뼈 등 각종 부산물, 미생물을 넣고 6개월에서 1년간 숙성을 한다. 농장에는 크고 작은 액비 숙성 통이 20여 개나 있다. "농약이나 다른 비료는 일체 사용하지 않아요. EM(유용미생물)농법으로 만든 액비로만 작두콩을 재배해요" 홍 대표의 말이다.

장어를 먹고 자란 작두콩

장어 먹고 자란 작두콩은 달랐다. 다른 작두콩과 달리 여린 깍지, 꼬투리 부분이 얇고 튼실했다. 당도가 과일 못지않게 나왔다. 홍 대표가 재배한 작두콩의 브릭스는 12~13으로 과일과 비슷한 수준인데다 다른 작두콩(7~8브릭스)보다 2배가량 높았다. 작두콩의 수확

시기도 앞당겼다. 대개는 무게로 파는 작두콩은 콩이 여물 때까지 기다려 수확한다. 그래야 무게가 더 나가기 때문이다. 하지만 콩이 여물게 되면 양분이 깍지에 남지 않는다. 차는 콩이 아닌 깍지를 달여서 마시기 때문에 콩으로 양분이 가면 차의 효과는 떨어진다.

홍 대표는 처음엔 작두콩을 전남 화순의 가공 공장에 맡겼다. 하지만 '제맛'이 나지 않았다. 홍 대표는 어떻게 하면 좋은 작두콩 차를 만들 수 있을지 고민했다. "커피처럼 작두콩을 로스팅하면 되지 않을까" 아이디어가 머리를 스쳤다. 그는 아이디어를 실행에 옮겼다. 작두콩을 볶으면서 온도의 변화에 따른 로스팅 정도를 비교했다. 최적의 맛을 찾기 위해서다. 8개월 만에 답을 찾았다. 잘 우려나면서 비리지 않고 맛도 일품인 작두콩 차의 비법이 완성된 것이다.

장어 먹인 작두콩은 2018년 농림축산식품부 주관의 식품가공 경진대회에서 우수 농가에 선정됐다. 우수 농가에 뽑힌 홍 대표는 중국 현지에서 홍보와 수출 기회를 얻었다. 이를 계기로 작두콩 차는 세계적인 온라인 판매 플랫폼인 중국 알리바바와 미국 아마존까지 진출했다. 작두콩 차는 국내를 넘어 세계인의 입맛을 사로잡고 있다.

홍 대표는 작두콩의 유통과 가공산업에 목표를 두고 있다. 한 해 수확량은 25~30t으로 매출은 2억 원가량이다. 6차 가공산업에 초점을 둔 홍 대표는 작두콩의 직접 재배를 줄이고 있다. 대신 마을의 귀농한 농부와 청년농부 등 다섯 농가와 계약을 맺고 작두콩 재배를 위탁했다. "시간이 없어요. 가공식품에 매달리다 보면 직접 재배하는 면적을 줄여야죠" 홍 대표는 위탁농가에게 자신의 유기농 재배법을 그대로 전수하고 있다. 이때 회사 이름도 '도두맘'으로 바꿨다. 연간 매출 목표도 10억~20억 원으로 잡았다.

홍 대표는 귀농 2년 만에 아토피 약을 끊었다. 이제 아토피 흉터만 남아 있다. 홍 대표는 "자연과 살고 작두콩의 면역 효과를 본 것 같다"고 했다.

홍 대표 부부는 공부하는 귀농인이다. 홍 대표는 강진에서 국가고시인 유기농기능사를 가장 먼저 취득한 1호 부부다. 지난해 한국방송통신대학 농학과에 입학했다. 또 매주 강진 귀농사관학교에서 유기농법에 대한 토론식 수업을 하고 있다.

홍 대표의 목표는 자신의 농장을 강진의 랜드마크로 만드는 것이다. 1~2년 안에 작두콩의 가공 산업화와 이를 통한 관광 산업의 기반을 다지는 게 홍 대표 부부의 바람이다. "작물을 선택할 때 절대 유행을 따라하지 말라" 홍 대표가 예비 귀농인에게 들려주는 조언이다.

제4장

실패·좌절에서 피어난 용기와 희망

하수오 수확 직전
물 난 리
억대 빚더미

나성룡
광양귀농어귀촌협회장

"귀농인의 성패는 귀농 후 3년간에 달려 있어요" 나 회장은 귀농 초기가 가장 지원이 절실한 시기라고 했다. 대부분 소농으로 귀농한 귀농인들이 소농 직불금을 받을 수 있도록 그는 백방으로 뛰고 있다.
— 2023년 4월 10일 인터뷰

2023년 4월 10일 만난 나성룡 전남 광양귀농어귀촌협회장은 귀농 후 '억울한 빚더미'에 앉았나고 호소했다. 귀농 3년째인 2019년, 그는 약용 작목인 하수오 농사를 짓기로 했다. 흰머리를 검게 하고 탈모에 효과가 있다는 입소문을 타고 꾸준한 수요가 있는 데다 가격도 비싼 편이라 고소득을 기대해 볼만 했다.

인재에 휩쓸린 수확의 꿈

약초 재배 교육을 받은 나 회장은 농협에서 귀농자금 1억6,000만 원을 빌려 하수오 종자를 샀다. 광양 진산면의 논 3,960㎡(1,200평)을 임대해 하수오를 심었다. 하수오는 뿌리당 500원으로 비싼 편이다. 하수오는 구멍 하나에 3~4개를 심지만 생육시기에 튼실한 한 뿌리만 남겨놓고 모두 솎아줘야 한다. 나 회장은 자식 키우듯이 2년간 하수오 재배에 온 정성을 들였다. 2021년 여름 하수오 뿌리는 50cm 크기로 자랐다. 두 달만 더 자라면 수확의 기쁨을 맛볼 수 있었다. 계약 재배를 해 판로 걱정도 없었다. 계약재배 납품 가격은 kg당 1만3,500원으로 수확만 하면 큰 돈을 만질 수 있었다.

하지만 나 회장의 부푼 꿈은, 그해 여름 물난리로 물거품이 돼 버렸다. 여름철 계속된 장마로 하수오를 심은 논에 배수가 되지 않으면서 뿌리가 모두 썩어버렸다. "인재예요" 그는 논에 물이 빠지지 않는 것은 논 옆에 들어선 코레일 신역사 때문이라고 진단했다. "신역사가 완공된 이후 논의 배수로가 사라졌어요. 게다가 역사 처마에서 흘러내리는 물이 논으로 떨어졌어요" 나 회장은 논의 배수로가 있었다면 물난리를 겪지 않았을 것이라며 눈시울을 붉혔다. 엎친 데 덮

친격으로 하수오는 재해보험에 가입할 수 없는 농작물이다. 당연히 보험금을 한 푼도 받지 못했다.

나 회장은 물난리로 하수오를 한 개도 건지지 못하면서 빚더미에 나앉았다. 하수오 종묘값 1억6,000만 원과 2년간 재배에 들어간 6,000만 원을 합해 모두 2억2,000만 원의 빚을 지게 됐다. "억울해요. 너무 억울해요" 나 회장은 국민권익위원회와 국민신문고에 억울함을 호소했지만 "해당 기관은 관여할 수 없다"는 답변만 들었다. 그는 억울하게 2억 원대의 빚을 졌지만 그 누구의 도움을 받을 수 없었다. 억울하지만 하소연할 곳이 없어서 가슴앓이를 하다가 건강도 잃을 뻔했다. 나 회장은 억울한 빚을 받아들이기로 체념했다.

불합리한 귀농제도 개선에 앞장서다

그는 매월 30만~40만 원에 달하는 귀농자금 대출 이자를 갚아야 한다. 귀농 첫해에 구입한 1,320㎡(400평) 임야에 심은 매실과 고사리 농사에 전념하고 있다. 2023년 4월 7일 전남 광양 진천의 고사리 밭에서 본 나 회장은 농부였다. 그는 허리를 숙여 고사리를 찾아 꺾은 후 허리춤에 찬 포대에 차곡차곡 넣었다. 그는 풀속에서 자라는 고사리를 잘도 찾아냈다. 수확한 고사리를 삶아 건조까지 해야 판매를 할 수 있다. 고사리 농사를 지어도 한 해 수입은 400만 원 정도에 불과하다. 산에서 능이버섯 채취도 한다. 능이버섯은 kg당 15만 원으로 쏠쏠한 소득원이다. 한 푼이라도 벌기 위해 동네 일손돕기도 발벗고 나서고 있다.

나 회장은 광양 백운산에 반해서 귀농했다. 인천에서 직장에 다

니던 그는 2010년 백운산 등산을 했다. "부모의 품처럼 포근했어요" 백운산 품에 살겠다며 광양으로 둥지를 옮겼다. 그렇다고 당장 귀농은 하지 않았다. 광양의 한 대기업에서 건설노동자로 6년간 일을 했다. "노조 일을 했는데, 블랙리스트에 오르면서 일자리를 잃게 됐어요" 그는 자의 반 타의 반으로 회사를 그만두고 귀농의 길을 걷게 된 것이다.

그는 귀농해 정부와 지자체의 불합리한 귀농제도 개선에 앞장섰다. 정부는 4,950㎡(1,500평)~6,600㎡(2,000평)의 농사를 짓는 소농인에게 직불금을 주고 있다. 하지만 귀농인은 이 대상에서 제외돼 있다. 귀농인도 일반 농민처럼 농사를 짓는데 왜 직불금을 받지 못하는지 모르겠다는게 나 회장의 생각이다. "귀농인의 성패는 귀농 후 3년간에 달려 있어요" 나 회장은 귀농 초기가 가장 지원이 절실한 시기라고 했다. 대부분 소농으로 귀농한 귀농인들이 소농 직불금을 받을 수 있도록 그는 백방으로 뛰고 있다.

귀농인은 뭉쳐야 산다

이런 노력 덕분인지 귀농 5년차인 2021년, 160명의 회원이 가입한 광양귀농어귀촌협회 회장에 선임됐다. 임기 2년의 직선제로 바뀐 2022년 그는 회장에 출마해 당선됐다. 나 회장은 억울한 빚을 지면서 얻은 교훈이 있다. 귀농인이 뭉쳐야 한다는 것이다. 나 회장은 협회의 여러 동아리를 만들고 이를 활성화하는 데 초점을 두고 있다. "관심 있는 작물 동아리를 꾸려 농업법인을 만들고, 이를 통해 자립할 수 있는 기반을 다지는 게 목표예요" 나 회장은 협회에서 사금을 지원해 동아리 활동을 적극 지원하고 있다. 그는 동아리 활동의 체험장으로 하수오를 재배했던 논을 내놓았다. 올해는 선도 동아리를 선정해 지원의 선택에 집중할 방침이다.

나 회장은 주말에 예비 귀농인들의 가이드 역할을 하고 있다. 이날도 그는 예비 귀농인 4명과 함께 고사리와 두릅 수확 체험을 했다. 선도 귀농인을 찾아 이들에게 작물 재배 방법을 알려주고 자신에게 적합한 작물이 어떤 것인지 짧은 시간이지만 체험할 수 있게 도와준 것이다.

나 회장은 정부와 지자체에 쓴소리를 했다. "논과 밭의 가격이 3.3㎡(평당) 30만 원이 넘어요. 귀농자금 3억 원으로 3,300㎡(1,000평)를 사면 남는 돈이 없어요" 그는 귀농인에게 가장 필요한 것은 땅이라고 했다. 정부와 지자체가 농사지을 수 있는 땅을 귀농인에게 싼 값에 임대해 달라고 주문했다.

식용곤충
혐오식품 낙인
바닥난 통장 잔고

김동재
브라운파머스 대표

그에게 희망이 생긴 것은 2019년 코로나19 시기다. 굼벵이를 원료로 항노화 제품 개발사업에 뛰어들었다. 굼벵이의 명칭도 꽃벵이로 바뀌었다. 그는 굼벵이 식품을 개발하면서 자신이 먹어 보고 효과를 입증하는 '셀프 마루타' 역할을 했다.

— 2024년 5월 24일 인터뷰

경남 창원의 한 방위산업체에 30년간 다니던 그는 2011년 퇴직했다. 퇴직을 앞두고 그는 귀농할 곳을 알아보고 다녔다. 귀농터로 잡은 곳은 창원에서 자동차로 한 시간 거리인 경북 의령군 칠곡면이다. 연고가 없는 낯선 곳이다. 2024년 5월 24일 찾은 이곳은 산세가 있고 채 10가구가 살지 않는 조용한 마을이었다. 자연 풍광에 반해 부인과 함께 제2의 보금자리로 잡았다.

보물이 애물단지가 되었다

브라운파머스 김동재 대표의 귀농은 이렇게 시작됐다. 김대표의 귀농은 남달랐다. 그는 귀농에 자신 있었다. 직장에 다니면서 30년간 취미로 모은 수석이 3만 점이 넘었기 때문이다. 수석 전시장을 활용하면 노후 걱정이 없을 것으로 판단했다. 그래서 귀농 후 제일 먼저 구입한 축사를 헐고 도로를 내고 수석을 전시하는 전시장을 만들었다.

"귀농요? 수석 한 점씩 팔면 넉넉하게 살 줄 알았어요" 하지만 이런 김대표의 기대는 수포로 돌아갔다. 귀농 후 수석 인기가 시들해진 것이다. 그동안 애써 모은 수석이 애물단지가 된 셈이다. 수석 전시장은 결국 폐쇄되고 수석들은 마당 가장자리에 쌓여만 갔다. 보물인 줄 알았던 수석이 애물단지가 된 것이다. 결국 노후 생활을 책임질 것이라고 기대했던 희망도 물거품이 됐다. 일정한 수입 없이 귀농한 지 2년이 지나니 통장 잔고가 보였다.

"다른 길을 찾아야 했어요" 때마침 TV를 보던 중 미래산업으로 식용곤충이 뜨겠다는 확신을 갖게 됐다. 2012년 중국과 필리핀 등

동남아를 돌면서 사업이 될 만한 식용곤충을 찾으러 다녔다. 전국의 식용곤충의 선진지도 견학했다. 그가 찾은 식용곤충은 '밀웜'이었다. 도마뱀과 이구아나의 먹이로 국내에서는 2016년 고소애라는 식품으로 등재돼 있는 식용곤충이다.

식용곤충으로 미래를 그리다

때마침 국내에서도 식용곤충 바람이 불었다. 2014년 곤충이 식품으로 등재된다는 식약처의 예고가 뜨면서다. 2년의 유예기간을 거쳐 2016년 3월부터 곤충이 먹는 식품으로 등재됐다. 이 같은 정부의 발표에 귀농귀촌인들은 너도나도 대박을 꿈꾸며 식용곤충 사업에 뛰어들었다. 김 대표도 그중 한 명이었다. "밀웜이 간특효약으로 알려지면서 1kg에 150만 원까지 갔어요" 그동안 전국의 100여 가구에 불과하던 곤충재배 농가는 식품등재 이후 2년 만에 3,000가구로 늘었다.

김 대표는 꾸준히 식용곤충을 연구했다. 굼벵이를 친환경으로 사육해 바로 식용이 가능한 제품을 만들었다. 그는 곤충박사로 이름을 날리면서 식용곤충 1세대의 자리를 굳혔다. 한국곤충산업협회 이사와 경남지회장을 지낼 정도로 식용곤충의 전문가가 됐다.

"2014년 참고소애로 회사를 차렸어요" 농업기술센터의 도움으로 고소애와 친환경 현미를 원료로 누룽지를 개발한 것이다. 참고소애는 고영양 단백질의 곤충스낵 제품이다. 간식용으로 인기를 끌면서 제조방법을 배우려는 귀농인과 이를 맛보려는 손님들로 북적거렸다.

하지만 이런 붐도 오래가지 못했다. 식용곤충이 혐오식품으로 낙인찍히면서 방문객들이 급감했다. 당시 귀뚜라미 식용제품으로 300억 원대 사기극이 언론에 나오면서 그야말로 곤충산업은 나락으로 떨어졌다.

그에게 희망이 생긴 것은 2019년 코로나19 시기다. 굼벵이를 원료로 항노화 제품 개발사업에 뛰어들었다. 굼벵이의 명칭도 꽃벵이로 바뀌었다. 농업기술센터에서 5,000만 원을 지원받고 자본 1억 5,000만 원을 들여 굼벵이 누룽지라는 신상품을 개발했다. "내가 먼저 먹어 보면서 시험과 연구를 계속했어요" 김 대표는 혈압과 통풍, 결석으로 건강이 매우 좋지 않다. 그래서 그는 굼벵이 식품을 개발하면서 자신이 먹어 보고 효과를 입증하는 '셀프 마루타' 역할을 했다.

유기농 친환경으로 재배한 굼벵이를 원료로 한 굼벵이환과 누룽지 상품은 입소문이 나면서 불티나게 팔렸다. 누룽지는 식감이 좋은데다 다이어트 상품으로 알려지면서 효자상품으로 자리를 잡았다. 굼벵이에 하은초라는 원료를 섞어 만든 굼벵이환도 인기를 끌었다.

귀농 후 수입 없는 기간을 줄여라

어느 정도 자리를 잡은 김 대표는 식용곤충체험장을 만들었다. "어릴 때부터 친환경으로 재배하는 굼벵이 성장 과정을 보면 혐오식품이라는 말은 안 나오겠죠?" 그는 주로 초등학생을 대상으로 굼벵이의 재배과정을 체험하는 체험장을 운영하고 있다. 한 해 3,500여 명의 초등학생이 굼벵이 체험을 했다.

김 대표는 곤충식품의 멘토 역할을 하고 있다. 곤충 재배를 하려는 초보 귀농인들에게 꼼꼼하게 재배 방법을 알려주고 있다.

김대표는 귀농하기 위해서는 수입 없이 3년을 생활할 정도의 자금이 필요하다고 조언했다. "어떤 농사를 지어도 바로 내년에 풍족할 만한 수확을 내는 작물은 없어요" 그는 귀농의 삶의 질을 높이려면 철저한 준비가 필요하다고 했다. 퇴직 후 귀농하면 적어도 65세 정도가 돼야 일정한 농사 수입이 가능하다는 것이다. 때문에 얼마나 준비를 잘하느냐에 따라 귀농 후 수입 없는 기간을 줄일 수 있다는 게 김 대표의 조언이다.

10년 만에 첫 호두 수확

강학도
웰빙호두 농원 대표

강 대표는 귀농 후 처음 식재해 다 죽고 겨우 살아난 호두나무 3그루를 첫 번째 농장 한가운데에 그대로 두고 있다. 그는 호두 농사를 지으려면 예비 농부들에게 이 나무의 역사를 설명하고 호두 품종의 중요성을 일깨워주고 있다.

― 2024년 3월 29일 인터뷰

호두 300그루가 심은 지 1년 만에 다 죽었다. 1만9,800㎡(6,000평) 임야에 3그루만 겨우 살았다. 죽은 나무를 뽑아 보니 잔뿌리가 하나도 없었다. 서울 양재동에서 종묘상 추천으로 왕호두 묘목을 구입한 게 화근이었다.

"묘목이 아니라 뿌리가 거의 없는 몽둥이를 산 것이죠" 2024년 3월 29일 만난 충북 제천시 귀농인 강학도 웰빙호두 대표는 20년 전 얘기를 꺼내면서 눈시울을 붉혔다. 강 대표는 묘목상에서 골라준 호두나무를 아무런 검증 없이 심었다. 왕호두 나무를 소개한 책자에 나온 '4~5년 후에 수확이 가능하다'는 말을 100% 신뢰했다. 그렇게 희망을 안고 심은 호두나무는 싹이 하나도 나지 않는 참담한 결과를 가져왔다.

세상에 쉬운 일은 하나도 없다

강 대표는 40대 중반에 50세가 되면 귀농하겠다는 결심을 했다. 그는 1989년 제1회 공인중개사 시험에 합격한 후 건설회사의 분양팀에서 일했다. 사람을 상대하는 아파트 분양은 쉬운 일이 아니었다. 10년간 분양 업무를 하고 스스로 직장을 그만뒀다. "회사를 다니면서 귀농할 터를 잡았죠" 그는 귀농 보금자리로 현재 호두가 자라는 제천시 수산면을 골랐다. 강 대표는 2004년 동네 야산을 구입해 호두를 심기 위해 벌목을 했다. 밤낮으로 나무를 베고 땅을 고르는 개간을 하니 쓸모없게 보이던 야산은 기름진 옥토로 변했다. 개간을 혼자하다가 다리를 다치기도 했다.

그는 귀농 작물로 호두나무를 선택했다. 이유는 간단했다. 강 대표는 평소에 자루째 사서 즐겨먹는 호두 마니아다. 호두를 좋아해서 호두를 심은 것이다. 귀농한 이듬해인 2005년 봄, 호두를 심었지만 실패했다. 죽은 호두나무의 보상도 받지 못했다. 묘목에 문제가 있었는지, 재배와 관리 잘못인지 판단을 할 수 없어서다. 귀농한 지 1년만에 묘목값 1,800만 원만 고스란히 날렸다.

호두나무 '신령'을 만나다

"전국을 돌아다녔어요" 처음 심은 호두 300그루가 모두 죽고 나자 그는 정신이 번쩍 들었다. 호두 주산지인 경북 김천과 안동, 전북 무주 등 호두 농가를 찾아다니면서 공부를 했다. 산비탈이 좋은지, 평지가 좋은지, 물은 어떻게 주는지 꼼꼼하게 살펴보고 기록으로 남겼다.

그는 전북 순창에서 일본 품종인 '신령'을 보고 유레카를 외쳤다. 가래나무에 접목하는 신령은 알이 굵고 먹기에 편해 소비자 기호에 딱 맞았다. 재배도 그리 어렵지 않았다. 호두나무는 재래종이 채 20%가 되지 않는다. 대부분 수입품종이다. 이유가 있다. 재래종은 굵기가 작아 판매가격이 수입산에 비해 훨씬 싸다. 수입품종은 나무 생존 기간도 50년으로 길다. 수확 기간이 그만큼 길다는 뜻이다.

2007년 신령 호두나무 200주를 10m 간격으로 심었다. 처음 심은 나무와 달리 무럭무럭 자랐다.

호두는 물을 싫어한다. 때문에 장마철이나 비가 많이 오면 물이 고이지 않도록 배수로 확보에 신경을 써야 한다. 심은 지 7년 만에 첫 수확을 했다. 그동안 먹었던 호두 맛과는 달리 너무 고소했다. 소비자들의 반응도 좋았다. 해를 거듭할수록 호두 농사에 자신감이 생

졌다. 2014년 그는 인근에 마련한 두 번째 농장에 호두나무 200주를 추가로 심었다. 두 번째 농장에서도 얼마전부터 본격적인 수확을 하고 있다.

강 대표는 귀농 후 처음 식재해 다 죽고 겨우 살아난 호두나무 3그루를 첫 번째 농장 한가운데에 그대로 두고 있다. 크기와 모양은 일반 호두나무와 다르지 않지만 정작 중요한 열매를 맺지 않는다. 그는 호두 농사를 지으려면 예비 농부들에게 이 나무의 역사를 설명하고 호두 품종의 중요성을 일깨워주고 있다.

강 대표는 호두나무 한 그루에서 연간 20kg을 수확한다. 연간 8t의 수확으로 벌어들이는 수입은 8,000만 원가량이다. 호두알로 짜는 호두기름도 인기다. 주로 지인에게 주지만 판매도 한다.

최근 이상기후로 호두 농사도 봄 냉해 피해를 입는다. 수확 시기

에 계속된 장마도 수확량을 떨어뜨리는 원인이 된다.

　그는 호두 농사를 지으려는 예비 귀농인에게 품종 선택이 가장 중요하다는 점을 강조했다. "키가 작은 왜송종이 있어요" 그는 농삿일을 편하게 하기 위해 왜송종을 심지만 결실을 보기가 쉽지 않다고 했다. 호두나무 품종은 이미 수확이 입증된 것을 심어야 실패하지 않는다는 것이다.

호두 농사는 장기 계획을 세워야 한다

강 대표는 퇴직을 앞둔 공직자들에게 호두나무 농사 짓는 것을 적극 권장하고 있다. "공직자 모임이 있는데, 거기서 호두나무를 심으라고 해요" 2년생 호두나무를 심으면 7년 정도 지나면 본격적인 수확을 할 수 있다. 때문에 그는 장기 계획을 갖고 호두 농사를 지어야 한다고 했다.

호두 농사의 장점으로 그는 일손이 많이 들지 않는다는 점을 꼽았다. "4만2,900㎡(1만3,000평)에 400주의 호두 농사를 짓는 데 수확기에만 4~5명만 있으면 충분해요" 수확기에 인근 동네 사람의 지원을 받으면 어렵지 않게 수확을 한다고 했다.

그는 호두 농사를 지으면서 산림 전문가가 됐다. 산림후계자에 이어 독림가에 등록됐다. 독림가는 영림계획을 작성해 모범적인 산림경영을 할 수 있고 사회적으로 신망이 두터운 사람 중에서 산림청장·도지사·시장·군수로부터 인정서를 받은 사람을 말한다.

강 대표는 지혜로운 귀농생활에 대해 조언했다. 그는 농촌마을에 살게 되면 절대 이웃에게 "도와주겠다"는 말을 하지 말라고 당부했다. 귀농하면 농삿일에 익숙하지 않아 하루만 일해도 다음 날 일어나지 못한다. 그는 "도와준다는 말을 했다가 약속을 지키지 못하는 경우를 여러 번 봤다"며 "그럴 경우 동네 사람으로부터 신뢰를 잃기 십상이다"고 했다.

일손을 도와주겠다는 말 대신에 막걸리를 들고 들판에 가는 게 더 낫다고 그는 조언했다. "막걸리나 사탕 등으로 이웃에게 정을 표시하면 금세 정이 들어요" 예비 농부들이 귀담아 들을 충고다.

7년 만에 찾은 샤인머스켓

김재호
재호팜 대표

그는 요즘 샤인머스켓 제값 찾기 캠페인에 나섰다. "700g 50알 한 송이가 제일 맛있어요" 당도는 17브릭스가 소비자 입맛을 사로잡기에 적당하다. 그는 싸구려 취급을 받게 된 샤인머스켓의 고급화 전략에 온 힘을 쏟고 있다.

– 2025년 7월 4일 인터뷰

표고버섯·천년초·양봉·굼벵이·다육이….

전북 김제로 2018년 귀농의 둥지를 튼 새호팜 김새호 대표가 귀농 후 재배한 작물들이다. 귀농 7년간 그는 귀농에 적합한 작물을 찾느라 숱한 고생을 했다. 시행착오 끝에 마지막 선택한 게 샤인머스켓이다. 2025년 7월 4일 찾은 김 대표의 농장에는 샤인머스켓이 주렁주렁 열려 있었다. 포도 나무에 달린 열매는 일정한 굵기와 당도를 높이기 위해 열매에 종이 봉지가 씌워져 있었다.

한여름의 태양과 바람을 맞고 자란 샤인머스켓은 매년 추석 대목을 앞두고 수확을 한다. 이날도 김 대표는 샤인머스켓의 열매가 잘 자라는지 확인하고 혹시 병해충은 없는지 노심초사하면서 정성스럽게 농장을 둘러봤다.

거듭된 실패로 벼랑 끝까지

"퇴직 5년 전부터 귀농을 준비했어요" 김 대표는 2017년까지 전북 전주의 한 제지공장에서 시설을 유지·보수하는 일을 했다. 그는 자연과 함께 노후를 보내고 싶어서 자연스럽게 귀농의 길을 걷게 됐다. 그는 귀농 준비를 꽤나 했다. 퇴직 전에 귀농에 어떤 작물을 재배하면 좋을지 온라인 등으로 알아봤다. 부인과 자녀 등 가족들도 설득했다.

2018년 봄, 그는 모악산 산자락에 위치한 지금의 마을에 둥지를 틀었다. 귀농 자금 3억 원을 대출받아 5만100㎡(1,700평)의 밭을 구입하고 귀농할 집을 지었다. 그가 선택한 첫 번째 귀농 작물은 표고버섯이다. "버섯 전문가한테 배우고 싶었어요" 김 대표는 160만 원을 들여 경기 여주산림조합의 버섯 전문가 과정에 참여했다. 하지만 초기 시설 자본이 큰 부담이었다. "10만 봉 정도 해야 수익이 돼요" 그런데 이 정도 규모로 하려면 시설비만 10억 원이 든다. 버섯은 온도와 습도, 환기에 아주 민감했다. 결국 김 대표는 감당하지 못할 시설비 때문에 버섯 교육만 받고 실제 재배는 하지 않았다.

그가 귀농 후 실제 손을 댄 것은 굼벵이 사육이다. 버섯 재배가 어렵다고 판단한 김 대표는 굼벵이 사육을 하기로 했다. 곤충사업 5개년 계획을 세우고 3,000만 원의 자금을 지원받았다. 곤충연구회 등 지역에서 다양한 연구와 활동을 했다. 아무리 건강식품이라는 점을 강조해도 혐오 식품이라는 인식의 틀을 깨기는 어려웠다. 굼벵이 사육보다는 판매와 유통에 고전을 면치 못하면서 결국 이 사업도 접었다.

굼벵이 사업을 접은 그는 건강식품 천년초(백년초) 재배로 방향을 틀었다. 6,600㎡(2,000평)에 재배한 천년초를 즙과 환, 분말가루 등으로 가공해 판매에 나섰다. 전국의 축제 행사장을 돌며 판매시장을 넓혔다. 하지만 이 같은 발로 뛰는 판매 전략은 먹히지 않았다. 오히려 방송 효과가 컸다. 천년초 농장이 한 방송매체의 프로그램에 나오면서 얼마 동안은 불티나게 팔렸다. 시간이 지나자 판매가 다시 제자리로 돌아왔다. 결국 온라인 고정 고객만 남고 한 달 매출은 100여만 원에 불과했다.

그는 천년초 사업이 시원치 않자 이와 연관된 양봉에 뛰어들었다. 천년초와 야생화 꽃이 많은 농장 주변으로 벌이 몰리자 양봉사업을 시작했다. 400통 이상 양봉을 해야 연간 2,000만~3,000만 원

의 수입이 가능하다. 대규모 양봉을 해야 목돈을 쥘 수 있었는데, 그는 30여 통의 벌을 키워 수입은 기대 이하였다.

마지막 승부, 샤인머스켓

거듭된 실패로 귀농 통장은 바닥을 보였다. 김 대표는 더 이상 무슨 작물을 재배할 여력조차 없었다. 전북 전주에 있던 원룸을 처분했다. 귀농 후 투자만 계속되면서 가족과 갈등도 깊어졌다. 김 대표는 마지막으로 샤인머스켓에 손을 댔다. "과일이 맛있잖아요" 2019년 봄, 그는 천년초를 걷어내고 1,500㎡(500평)에 샤인머스켓 150주를 심었다. 본격적인 농업 지식을 얻기 위해 방송대 농학과에 진학했다. 샤인머스켓 작목반을 구성하고 조직해 재배 방법을 서로 공유하고 연구했다. 2020년 봄에는 추가로 샤인머스켓 150주를 심었다.

샤인머스켓은 식재 후 3년이 지나면 50%의 수확이 가능하다. 5

년이 지나면 성목으로 자라 100% 수확을 할 수 있다. 식재 후 3년만에 그는 3,000만 원의 매출을 기록했다. "샤인머스켓을 어떻게 재배해야 상품을 얻을 수 있는지 알았어요" 그는 숱한 연구를 거듭한 끝에 샤인머스켓 재배에 자신감을 얻었다.

하지만 샤인머스켓이 국민적 인기를 얻은 게 문제였다. 너도나도 전국에서 샤인머스켓을 재배하면서 재배 면적이 크게 늘었다. 여기에 일부 과수원에서 추석 전에 익지도 않는 과일을 내놓으면서 소비자들의 불만을 샀다. 일부 농가의 욕심 때문에 송이당 1만 원 이상 고가에 팔리던 샤인머스켓이 맛이 없는데 비싸기만 하다는 인식이 빠르게 확산됐다. 김 대표는 자신이 생산한 A급 샤인머스켓이 C급으로 판매되는 게 가장 안타깝다. 소비자들은 제대로 키운 김 대표의 샤인머스켓을 알아보지 못했다. 전국의 샤인머스켓은 품질에 상관없이 가격이 일제히 하락하는 추세를 보였다.

그래서 그는 요즘 샤인머스켓 제값 찾기 캠페인에 나섰다. "700g 50알 한 송이가 제일 맛있어요" 당도는 17브릭스가 소비자 입맛을 사로잡기에 적당하다. 그는 싸구려 취급을 받게 된 샤인머스켓의 고급화 전략에 온 힘을 쏟고 있다.

귀농 7년, 아직도 이루지 못한 목표

귀농 7년차인 김 대표는 애초 귀농계획에 큰 차질을 빚고 있다. "낭초에는 귀농 5년 만에 연소득 6,000만 원을 계획했어요" 그는 아직도 이 목표를 이루지 못하고 있다. 귀농 목표 달성 시점을 5년 후로 미뤘다.

김 대표는 예비 귀농인에게 작물 선정의 중요성을 수차례 강조했다. 생계형 귀농이라면 귀농 전에 어떤 작물을 재배할 것인지는 물론 그 방법, 판로까지도 구체적으로 계획을 세워야 한다는 것이다. 또 빚을 내 귀농하는 것은 아주 위험하다고 충고했다. "귀농자금을 대출하면 5년 후에는 원금상환을 해요" 무턱대고 대출을 했다가 일정한 수입이 없을 경우 '귀농 파산'이 우려된다는 것이다. 그는 흔히 겪는 원주민과의 갈등은 없었다. "워낙 하루 종일 부부가 밤낮으로 밭에서 일을 하니 동네 사람들이 짠하게 봤어요" 김 대표는 귀농 첫 날부터 농삿일에 매달리는 바람에 마을 사람들에게 인정을 받은 것 같다고 했다. 그는 마을 일이라면 자신의 일보다 더 열심히 솔선수범하는 것도 마을 사람에게 인정받는 비결이었다.

제5장

부농 꿈꾸는 고소득 작물

열대 작물 신 기 술 보 급

박철경
열대정글농장 대표

박 대표농부는 국내 열대 작물의 선두주자다. 그의 10동 비닐하우스에는 열대 작물만 300여 종이 재배되고 있다. 우리나라 열대 작물의 보고다.

– 2023년 2월 24일 인터뷰

섬진강을 지나 지리산 청학동 마을 가는 길목인 경남 하동군 횡천면에 다다르면 귀농인 박철경 대표농부가 운영하는 열대정글 농장이 나온다. 2023년 2월 24일 찾은 박 대표농부의 농장 비닐하우스 안은 섭씨 7~15℃ 정도로 포근했다. 반팔을 입어도 될 정도였다. 비닐하우스에는 바나나를 비롯해 구아바, 라임, 레몬, 자색 아스파라거스 등 동남아에서 자라는 열대 작물들이 울창한 숲을 이루고 있었다. 어떤 나무는 꽃을 피우고, 어떤 나무는 열매를 맺는 등 사계절을 한눈에 볼 수 있어 마치 베트남이나 필리핀에 와 있는 것 같은 착각이 들었다.

라임 나무 농사의 성공 비결

이날 박 대표농부는 라임 나무 접붙이기에 구슬땀을 흘렸다. 비닐하우스에는 3년간 자란 무릎 높이 크기의 탱자나무 묘목이 너비 2m, 길이 50m의 이랑에 파릇파릇하게 자라고 있었다. 이런 이랑은 옆으로 다섯 개나 더 있었다. 박 대표농부는 이랑 사이의 좁은 고랑에 앉아 탱자나무를 한 뼘 높이에서 전지로 잘라내고 가장자리에 칼집을 냈다. 2m 크기의 라임 나무 가지를 10cm 정도 크기로 잘라 칼집이 난 틈에 끼워넣었다. 그리고 하얀색 테이프로 접목한 라임 나무 가지가 탱자나무에 잘 붙도록 다섯 바퀴 정도 감아줬다.

"탱자나무는 병충해에 매우 강해요" 박 대표농부는 라임 나무 접붙이기용으로 탱자나무를 쓰는 이유를 설명했다. 그는 "라임 나무를 삽목이나 씨를 뿌려 키워도 봤지만 병충해에 약해 제대로 자라지 못했다"고 말했다. 박 대표농부가 하루 접붙이기를 할 수 있는 나무는

300여 묘목이다. 비닐하우스 다섯 개 이랑의 접붙이기를 마치려면 3개월 이상이 걸린다. 아무리 힘들어도 접붙이기 작업만은 다른 사람에게 맡기지 않는다. 그의 라임 농사 성공 비결이 묘목 접붙이기에 달려 있기 때문이다. 이날 접붙이기한 라임 나무는 1~2년을 더 키워야 묘목이 된다. 이 묘목이 수확할 정도로 열매를 맺으려면 2~3년을 더 기다려야 한다.

한국에서 열대 작물을 재배하다

박 대표농부는 국내 열대 작물의 선두주자다. 그의 10동 비닐하우스에는 열대 작물만 300여 종이 재배되고 있다. 우리나라 열대 작물의 보고다. 국내에서 열대 작물을 재배하거나 연구하려면 박 대표농부의 농장을 거치지 않고는 불가능할 정도다. 그의 비닐하우스에서 재배하는 국내 유일 타이틀을 단 열대 작물만 10여 종에 이른다.

박 대표농부는 8년차 귀농인이다. 그는 서울 한 호텔의 식품부에서 일했다. 호텔 일을 그만두고 식품 관련 자영업을 했지만 1998년 국제통화기금(IMF)의 한파를 넘지 못하고 부도가 났다. 빚에 몰린

그를 보듬어 준 것은 고향의 부모였다. 박 대표농부는 귀농해 조상 대대로 내려온 벼농사를 지었다. 하지만 9,900㎡(3,000평) 논농사의 한 해 수입은 3,000만 원에 불과했다. "이런 벼농사 수입으로는 빚 갚기는커녕 생계 유지도 어렵다는 생각이 들었어요" 그는 새로운 돌파구를 찾았다. 그때 그의 머릿속 떠오른 것이 호텔에서 근무할 때 눈여겨본 열대 작물이다. 레몬과 라임의 국내 소비량 가운데 국내 생산은 2%에 불과하다는 사실이 향후 희소성과 가격 면에서 경쟁력만큼은 충분하다고 판단했다. 막연한 아이디어 하나로 그는 열대 작물의 불모지인 경남 하동에서 귀농의 첫발을 내디뎠다.

하지만 열대 작물의 재배는 그의 결심처럼 호락호락하지 않았다. 국내에서는 열대 작물의 정보가 거의 없었다. 열대 작물의 모종이나 묘목조차 구하기 힘들었다. 그나마 인터넷의 동호인 카페에 가입해 귀동냥이라도 할 수 있는 게 다행이었다.

"열대 묘목이 있는 곳이라면 어디든 찾아가서 한 그루라도 구해 왔죠" 그는 부지런히 열대 작물의 모종과 묘목을 찾아다녔지만 별 소득이 없었다. 더욱이 국내에서 열대 작물 재배 방법을 배우기는 쉽지 않았다. 해외로 눈을 돌렸다. 열대 작물의 원산지인 베트남과 인도네시아, 태국 등으로 떠났다. 베트남에서 열대 작물을 공부하면서 아내를 만났다.

2019년 겨울 하동으로 시집온 아내의 지도로 박 대표농부의 비닐하우스는 제자리를 잡아갔다. "아내는 물을 얼마만큼 주고, 온도를 몇 도에 맞추고, 수확은 언제 하는지를 감각적으로 알고 있죠" 아내의 지도를 받으면서 하동 지역에 가장 맞는 열대 품종이 어떤 것인지 시험 재배를 했다. 초기엔 다양한 라임과 레몬 품종을 비교해 심어보고 병충해 정도와 수확량 등을 조사했다. 비닐하우스는 열대 작물의 시범포가 됐다.

2022년 그는 열대 작물 재배로 연간 1억5,000만 원의 매출을 올렸다. 2023년에는 2억 원 정도, 2024년에는 3억 원의 수입을 올렸다. 열대 작물은 국내에서 비싸게 판매된다. 핑거라임은 냉동 수입산이 1kg당 20만 원대에 팔린다. 국내에서 생산된 라임 생과의 가격은 이보다 더 비싸다.

열대 작물 체험 농장 조성은 또 다른 꿈

박 대표농부는 2,100㎡(636평)에 5년 전부터 심기 시작한 체리 농사에 기대를 걸고 있다. 6개 농장에 지금까지 1,200주를 심었다. 체리 수확은 식재 후 4~5년이 돼야 한다. 2023년에는 2~3t 수확을 하고 판매 수익은 5,000만 원이 넘었다.

판로도 큰 걱정이 없다. 아열대 작물 재배 농가가 많지 않아 농가들끼리 경쟁을 하지 않아도 되기 때문이다. 열대 과일은 로컬 푸드 매장은 물론 전국 농특산물 시장에서 러브콜을 받을 정도로 '귀한 작물'이다. 열대 작물의 또 다른 수요처는 국내 다문화 가정이다. 50만 가구에 이르는 다문화 가정에서 열대 작물은 요리하는 데 필수품이다.

그의 바람은 열대 작물 체험 농장을 만드는 일이다. "그동안 배운 열대 작물의 재배법을 알려주는 것은 물론 열대 작물을 심고 수확하는 체험 공간이 필요하다"는 박 대표농부는 "정부나 지자체가 공간을 제공하면 임대해서라도 체험농장을 운영하고 싶다"고 했다.

박 대표농부는 예비 귀농인이니 귀농인들에게 열대 작물을 적극 추천했다. 어느 작물보다 경쟁력이 높다는 것이다. 레몬과 라임 등 열대 작물의 경우 국내 소비량의 98%를 수입하고 있다. 국산은 2%에 불과해 국산 소비량이 얼마든지 늘어날 수 있다는 게 박 대표농부의 전망이다. 박 대표

농부는 귀농인의 작물 재배 성공 요건으로 땅(토지)과 재배 작물을 꼽았다. 체리의 재배조건은 저온건조다. 땅은 건조하고 습기는 적어야 한다는 의미다. 때문에 고온다습한 우리나라 논에 비닐하우스를 설치하고 체리를 재배하면 실패할 가능성이 높다는 것이다.

박 대표농부는 귀농 전에 반드시 귀농귀촌센터에서 사전 준비를 해야 한다고 조언했다. 그는 "어떤 이유로 귀농을 결심했든지 상관없이 귀농 후 내가 무엇을 할 것인지 반드시 귀농귀촌센터에서 알아보는 일이 귀농 성공 여부를 가른다"고 강조했다.

귀농 전에는 미리 농지를 사거나 거주할 집을 짓지 말라는 게 그의 귀농 제1원칙이다. 그는 "어떤 형태로든 귀농할 지역에서 수개월간 살면서 동네 사람들과 친분을 쌓고 필요한 만큼 땅을 사거나 거주할 공간을 마련해야 실패를 줄일 수 있다"고 말했다.

커피 원산지 에티오피아에 역수출

차상화
마이크로맥스 영농조합 대표

차 대표 농장에서 생산하는 커피는 매년 10t가량이다. 10억 원의 수익을 올리고 있다. 하지만 이 정도 수확으로는 국내 커피 수요에 크게 미치지 못하고 있다. 그는 두베이와 두베이 아리랑, 두베이 지화자 등 3개의 커피 브랜드를 갖고 있다.

- 2023년 9월 27일 인터뷰

2023년 9월 27일 찾은 전남 화순군 도곡면 스마트팜 농장. 하우스에 들어가 보니 사람 키보다 훨씬 큰 커피 나무가 열대우림처럼 빼곡하게 자라고 있었다. 파릇파릇한 잎 사이로 잘 익은 빨간색 커피 열매가 주렁주렁 달려 있다. 커피 나무는 꽃이 막 피기 시작한 것부터 파란 열매까지 그 모습이 다양했다. 커피 주산지인 남미의 어느 나라에 온 것처럼 커피 나무의 줄은 끝이 보이지 않았다.

우연히 만난 그린빈에 푹 빠지다

마이크로맥스 영농조합법인 차상화 대표가 20년간 일군 커피 농장이다. 차 대표의 커피 농장은 1만9,800㎡(6,000평)로 여기서 자라는 커피 나무는 6만 그루다. 에티오피아가 원산지인 아라비카종이다. 국내 최대 규모의 커피 농장이다. 전남 지역 커피 생산량의 절반이 이 농장에서 생산된다.

"새벽에 피어오르는 물안개에 반했어요" 2005년 전남 나주로 출장 온 차 대표는 전남 나주 남평의 드들강을 보고 귀농을 결정했다. 당시 환경 관련 회사를 창업한 차 대표는 서울에 있던 본사를 그날 바로 나주로 옮겼다. 차 대표는 1991년 울산에서 대학을 졸업한 후 서울에서 폐기물 자원화와 수질·공기정화를 주 업무로 하는 환경 관련 회사를 차렸다. 시골생활을 좋아했던 차 대표는 나주 들녘의 자연에 반해 아무런 연고도 없는 곳으로 삶의 터를 옮긴 것이다.

"서울 생활이 힘들었어요" 당시 차 대표는 빌딩과 매연, 자동차에 염증을 느끼던 때였다. 나주로 본사를 옮긴 차 대표는 디자인과 환경을 접목한 환경디자인 사업을 계속했다. 미생물을 이용한 자연순

환농법도 본격적인 연구를 했다.

"커피 공부는 대학 때 취미로 했어요." 차 대표는 1990년 커피숍을 운영하면서 원두 속에서 우연히 껍질이 있는 그린빈을 발견했다. 그린빈을 심어 봤다. 생각지도 않았는데 커피 나무의 싹이 올라왔다. 이때부터 커피 나무 재배에 관심을 갖기 시작했다. "국내 어디에서도 커피 재배법을 알 수가 없었어요." 그는 원서를 보면서 커피 나무 재배법을 익혔다. 커피 나무 재배에서 열매 수확, 원두 제조 방법 등을 독학으로 배웠다.

한국에서 고급 커피를 생산하다

"커피 나무가 아열대 작물인 것은 모르시죠?" 차 대표는 대뜸 인터뷰 도중에 물었다. 커피 나무는 열대 작물이 아니란다. 우리나라에서도 겨울만 잘 넘기면 커피 재배가 가능한 기후 조건을 갖추고 있다는 것이다. "지금과 같은 가을 날씨가 가장 좋은 커피 재배 기후예요" 커피 나무는 26℃가 넘으면 광합성 작용을 못 한다. 때문에 서늘한 날씨가 최적의 기후다.

차 대표는 처음에 10그루로 커피 나무 농사를 시작했다. 어느새 그의 농장에는 6만 그루까지 늘어났다. 그는 3.3㎡(1평)에 10그루를 심는 밀식재배를 한다. 대개 커피 나무 한 그루당 차지하는 면적은 3.3㎡(1평) 정도다. 하지만 그는 성상 억세를 하면서 단위면직당 생산량을 높이기 위해 이 같은 밀식재배를 한다. 시설하우스의 비용을 줄이는 데 밀식재배가 효과적이다.

그의 초기 커피 나무 재배의 관심사는 품질이었다. "국내에서 재배한 커피 나무의 문제는 성장보다는 품질이었어요" 커피 나무는 수확량보다는 프리미엄 등급을 받는 품질이 무엇보다 중요하다. 스페셜과 프리미엄급 정도는 돼야 고급 커피로 제값을 받을 수 있기 때문이다. 에티오피아산 커피 기준으로 프리미엄급 커피 생두 가격은 1kg당 400만~500만 원에 거래된다.

에티오피아 커피 나무를 재배하는 차 대표는 2015년 '기후모사'를 했다. 에티오피아 기상국의 기후데이터를 활용해 국내에서 에티오피아와 똑같은 조건으로 커피를 재배하는 것이다. 기후모사를 하면서 그는 다양한 기후 조건에서 커피 재배를 실험했다. 어떤 온도와 습도에서 맛과 향이 달라지는지 데이터를 축적했다. 차 대표는 방대한 데이터를 축적하면서 가장 맛있는 커피 기후 조건을 찾아냈다. 그의 기후모사 실험은 성공적이었다. 커피 주산지 국가에서 차

대표의 '최적 조건' 데이터가 무엇인지 문의가 잇따랐다. 차 대표는 다른 나라에 커피 기후모사를 수출하고 있다.

차 대표는 자연순환농법으로 커피를 재배하고 있다. 커피 재배 과정에서 나온 나뭇잎과 줄기, 가축 분뇨, 호기성 미생물을 섞어 만든 퇴비를 사용한다. 그는 토양과 수질 관련 특허만 20여 개를 보유하고 있다.

맛있는 커피를 만드는 또 다른 핵심은 프로세싱(가공)이다. 수확한 열매(커피 체리)는 세척과 미생물 투입, 발효 과정 등을 거친다. 이 과정을 거쳐 나온 게 생두다. 로스팅하기 전인 발효 과정에서 커피의 향과 맛이 결정된다. 커피 주산지 나라들의 기후 변화로 토착 미생물이 변화하고 있다. 때문에 차 대표가 보관하고 있는 토종 미생물이 진가를 발휘하고 있다.

차 대표 농장에서 생산하는 커피는 매년 10t가량이다. 10억 원의 수익을 올리고 있다. 하지만 이 정도 수확으로는 국내 커피 수요에 크게 미치지 못하고 있다. 그는 두베이와 두베이 아리랑, 두베이 지화자 등 3개의 커피 브랜드를 갖고 있다. 광주와 전남 지역에서 이 브랜드를 운영하는 커피숍에 그의 농장에서 생산한 생두를 납품하기도 벅차다.

차 대표는 이 같은 문제 해결을 위해 전남 50여 농가에 위탁 생산을 하고 있다. "농가에서 수확한 커피 체리를 그대로 받아와서 프로세싱을 하죠" 농가에서 프로세싱을 하기는 쉽지 않다. 때문에 그는 자신의 회사에서 고급의 맛과 향을 내는 프로세싱을 하고 있다.

한 우물을 파라

그는 귀농인에게 커피 나무 재배를 권한다. 커피 나무는 심은 시 3년차부터 열매를 맺는다. 커피 묘목을 살 때 이런 점을 고려해야 한다고 조언했다. 커피 나무 재배는 그리 어렵지 않다. 6,600㎡(2,000평) 비닐하우스에 2만2,000그루의 커피 나무를 심을 수 있다. 한 그루당 수확량은 6kg으로 매년 132t의 수확이 가능하다. 커피 나무는 버릴 게 없다. 가지치기로 나온 가지는 개껌을 만드는 재료로 활용된다. 개껌 한 개당 1만 원 이상으로 거래된다. 커피 나무 잎은 항산화 물질과 화장품 등 주 원료로 쓰인다.

"초기 자본이 좀 들어요" 바로 수확하기 위해서는 7년생 커피 나무를 심어야 한다. 커피 나무 7년생 한 그루 가격은 10만 원가량이다. 시설비를 지원받더라도 묘목값이 만만찮게 든다. 차 대표는 귀농인에게 "한 우물을 파야 된다"고 조언했다.

산양삼으로

인생 역전

박주호
안젤라농원 대표

약초 재배지의 조건은 산의 방향이 동북향이고 그늘이 있어야 한다. 양지바르면 안 된다. 또 하나의 조건은 토양이다. 물 빠짐이 좋은 마사토와 자갈이 좀 있는 땅이 산양삼 재배에 적합한 토질이다.
— 2025년 4월 18일 인터뷰

바둑판처럼 네모난 밭에서 파릇파릇한 새싹이 하나둘씩 돋아나기 시작했다. 아직은 새싹보다는 흙이 더 많이 보인다. 매년 이맘 때면 그랬듯이 올해도 머지않아 이 밭은 초록색으로 뒤덮일 것이다. 2024년 겨울을 무사히 보낸 자식 같은 새싹을 대견하게 바라보는 이가 있다. 2025년 4월 18일 만난 박주호 안젤라농원 대표다. "고맙지요. 사람도 견디기 힘든 추위를 이겨내고 싹이 트고 있잖아요" 박 대표는 9년 전 귀농하면서 심은 산양삼 밭에서 한없는 감사의 말을 되뇌였다.

약초와 함께한 인생 제2막

박 대표는 30년간 약초를 연구해온 전문가다. 그는 직장인 기아자동차 광주공장의 약초 동아리에서 회원들과 함께 매주 약초를 캐러 산에 다녔다. 전남 완도가 고향인 박 대표는 "그냥 산이 좋아서 다니다 보니 약초에 관심을 갖게 됐다"고 했다.

"퇴직하면 약초를 재배하기로 했어요" 박 대표의 인생 2막은 오래전부터 약초 재배로 정해졌다. 그는 퇴직 5년 전부터 약초를 재배할 산을 알아보고 다녔다. 생활정보지에 매물이 나오면 약초 재배가 적합한 땅인지 직접 발로 뛰어다녔다. 그러던 중 2016년 6월 전남 장성군 북이면 오월리 야산이 마음에 들었다. 약초 재배지의 조건은 산의 방향이 동북향이고 그늘이 있어야 한다. 양지바르면 안 된다. 또 하나의 조건은 토양이다. 물 빠짐이 좋은 마사토와 자갈이 좀 있는 땅이 산양삼 재배에 적합한 토질이다. 산양삼 재배에 박 대표는 이런 조건에 딱 맞은 임야 3만9,600㎡(1만2,000평)를 샀다.

이때부터 박 대표의 인생 2막이 시작됐다. 하지만 산을 개간하는 일은 쉽지 않았다. "날마다 아내와 함께 톱과 삽으로 나무를 베고 땅을 골랐어요" 박 대표는 나무와 돌을 옮기면서 몸이 성한 곳이 없었다. 산을 밭으로 만드는 개간작업은 2년간 계속됐다.

2017년 봄, 박 대표는 어느 정도 개간이 된 1만3,200㎡(4,000평)에 산양삼 10만 뿌리를 심었다. 매년 산양삼 재배 면적을 늘려갔다. 지금은 산양삼 밭이 3만3,000㎡(1만 평)가 넘는다.

그가 산양삼을 심은 데는 고소득 작물이라는 점이 작용했다. "산양삼은 단위면적당 소득이 높아요. 많은 땅이 필요하지 않아요" 박 대표의 산양삼 밭은 660㎡(200평)~990㎡(300평) 규모로 여러 군데 조성됐다. 그리 넓지 않다. 산양삼은 뿌리당 보통 2만~3만 원에 판매할 정도로 비싼 편이다.

자연의 흐름을 따라 키우는 산양삼

박 대표는 3년 전 어느 여름 날을 잊을 수가 없다. 귀농 후 처음으로 심었던 산양삼을 수확한 날이다. 그는 산양삼을 판매해 2,000만 원가량을 손에 쥐었다. "기뻤죠. 고생한 결실이죠" 그는 소득작물로 산양삼의 가능성을 엿봤다.

그는 자신의 밭에 산양삼을 심기 전에 약초 회원 10여 명과 인근 야산에서 시험재배를 했다. 1만3,200㎡(4,000평)를 임대해 기후나 토양, 습도 등을 단지별로 비교하면서 어느 조건일 때 가장 잘 자라는지 시험했다. 여기서 얻은 데이터로 본격적인 재배를 해 실패의 가능성을 줄였다. 그의 시험재배는 수확의 밑거름이 됐다.

　그는 산양삼 재배 4년째에 이유없이 고사하는 산양삼을 보면서 가슴을 쓸어내렸다. "식재 후 3~4년이 되니 말라죽어 갔어요" 그는 왜 고사하는지 원인 파악에 나섰다. 고사의 원인은 과습이었다. 산양삼을 심은 땅에 물이 흐르지 못하고 고이면 습도가 높아지면 자라지 못하고 죽는다. 박 대표는 이런 땅에는 산양삼 대신 명이 나물 등 산나물을 심었다. "땅의 성질이 바뀌지 않으니 산양삼을 심을 수는 없죠" 박 대표는 산양삼에 맞지 않는 토질에 굳이 산양삼을 심지 않는다.

　그는 산양삼을 키우면서 농약을 하지 않는다. "몸에 좋은 약초를 재배하면서 몸에 해로운 농약을 뿌리면 안 됩니다" 농약을 치지 않

151

으면 풀과의 전쟁을 해야 한다. 제초제를 뿌리면 일손을 덜 수 있다. 하지만 그는 어린 산양삼을 둘러싸고 있는 잡초를 손으로 모두 뽑는다. 이유는 간단하다. 내가 아는 가족과 지인들이 산양삼을 먹기 때문이다.

산양삼 판매는 그만의 전략이 있다. "핸드폰에 저장된 지인들에게 문자를 먼저 보내요" 그는 수확철인 5월이 되기 전에 '5월부터 산양삼을 수확합니다. 주문을 받습니다' 이런 내용의 문자를 발송한다. 문자뿐만 아니다. 성당과 학연, 지연, 혈연을 총동원해 산양삼을 홍보한다. 이런 홍보 덕분인지 아직까지 산양삼을 팔지 못해 발을 동동 구른 적은 없다.

함께하는 삶

치밀하게 준비해 귀농했던 박 대표가 예비 귀농인들에게 당부하는 한마디는 '치밀한 계획'이었다. "준비를 아무리 잘해도 정착하기 힘든 게 귀농이죠" 그는 퇴직 전에 귀농하면 어떤 작물을 재배할 것인지부터 미리미리 준비를 해야 한다고 강조했다. 준비와 계획만 잘해도 귀농은 절반의 성공을 한 것이라고 했다.

귀농하면 일단 원주민들과 갈등이 있으면 안 된다고 그는 당부했다. 귀농 후 그의 차에는 항상 막걸리와 과자, 음료수가 실려 있다. 마을 사람을 만나면 무조건 막걸리를 건넨다고 했다. "사소한 것이라도 마음을 담아 드리면 무척이나 좋아해요" 한두 번 이렇게 얼굴을 익히다 보면 자연스럽게 마을 사람이 돼 간다고 했다. 박 대표는 마을봉사하는 데 항상 1등이다. 마을 일이라면 발벗고 나선다. "외지인 티를 내면 안 되잖아요" 그는 원주민 속에 들어가려면 나 자신을 내려놓고 그들과 항상 호흡해야 한다는 점을 깨달았다고 했다.

인생을 바꾼 고소득 작물 하이드렌티아

김민주
김일병 농장 대표

그가 강력하게 추천한 작목은 하이드렌티아다. 하이드렌티아는 네덜란드가 원산지인 수국의 한 종류다. 하이드렌티아 차는 다이어트와 살빼기, 피부 미백에 아주 좋은 효과가 있다. 요즘 하이드렌티아 차가 각광을 받는 이유다.

— 2023년 8월 25일 인터뷰

2023년 8월 25일 전남 함평군 엄다면에서 만난 김민주 함평군 귀농어귀촌협의회 회장(김일병 농장 대표)은 돈 되는 작목을 귀농인들이 재배해야 한다고 입을 뗐다. 김 회장은 돈 되는 작목이 무엇인지 훤히 꿰뚫고 있었다. 그는 돈 되는 작목으로 하이드렌티아와 샤프란, 삼백초 등 흔하게 들어보지 못한 작물을 소개했다. "향신료인 샤프란의 경우 금보다 더 비싸요" 김 회장은 주변에 금보다 비싼 고소득 작목이 얼마든지 있다고 했다. 이란이 주산지로 향신료와 약용으로 사용되는 샤프란의 분말 0.1g은 2,500원에 거래되고 있다.

"고추와 양파 등 관행 작목은 귀농인들이 재배하기엔 적합하지 않아요" 김 회장은 귀농인에게 권하지 않는 작물로 누구나 하는 작목을 꼽았다. 이런 작목은 노동 집약적인 데다 대규모로 해야 수익이 된다고 했다. 그는 귀농인의 추천 작물로 소량 다품종이 가능한 작목을 예로 들었다.

하이드렌티아 전도사

그가 강력하게 추천한 작목은 하이드렌티아다. 하이드렌티아는 네덜란드가 원산지인 수국의 한 종류다. 하이드렌티아는 꽃보다는 잎이 활용도가 높다. 잎을 하루 말린 후 차로 마실 수 있다. 하이드렌티아는 설탕보다 400~1000배의 당도가 있지만 마셔도 몸에 흡수되지 않는 장점이 있다. "하이드렌티아 차는 아무리 많이 마셔도 당뇨 걱정이 없어요" 하이드렌티아 차는 다이어트와 살빼기, 피부 미백에 아주 좋은 효과가 있다. 요즘 하이드렌티아 차가 각광을 받는 이유다.

　하이드렌티아 재배의 장점은 고가에 판매가 가능하다는 점이다. "하이드렌티아는 시장에서 없어서 못 팔 정도예요" 그는 화분에 담아 파는 하이드렌티아는 항상 수요가 넘친다고 했다. 아파트에서 화분에 키우면서 잎을 따 차로 바로 마실 수 있다. 때문에 수요가 공급을 따라가지 못하면서 화분 한 개의 가격은 3만~4만 원을 유지하고 있다.
　이처럼 수요가 공급을 따라가지 못한 데는 하이드렌티아 재배가 아직은 대중적이지 않기 때문이다. 하이드렌티아의 보급 경로는 주로 삽목이다. "하이드렌티아의 줄기로 삽목해 번식하고 있어요" 김 회장은 하이드렌티아 보급 대중화를 위해 자신의 노하우를 쌓아가고 있다. 그는 효과적인 하이드렌티아 삽목 번식에 몰두하고 있다.

누구나 원하는 사람들에게 하이드렌티아 삽목을 저렴한 가격에 파는 전도사 역할을 하고 있다.

고향처럼 아늑한 함평

김 회장은 우연한 기회에 함평으로 귀농했다. "경기도에 사는 지인이 현재 귀농한 마을 주민였어요" 2013년 김 회장은 그의 지인이 함평으로 이사간다면서 함께 가 보자는 제안을 받았다. 전남 완도가 고향인 김 회장은 고교 졸업 후 경기도에 둥지를 틀었다. 이곳에서 영업과 강연 등을 하며 25년간 생활했다.

김 회장은 이 같은 지인의 제안에 바람도 쐴 겸 낯선 함평을 따라갔다. 고향에 온 것처럼 평온하고 아늑했다. 얼마 후 함평으로 이사 간 그 지인으로부터 연락이 왔다. 마을의 집이 매물로 나왔는데, 구입하면 좋겠다는 말에 곧바로 매입했다. "집과 집에 딸린 대지 990㎡(300평)도 함께 구입했어요" 이때까지도 그는 귀농할 것이라고는 생각도 못했다. 당시 경기도에서 광주광역시로 내려와 살던 김 회장은 틈만 나면 자신이 구입한 함평의 집에 갔다. 광주에서는 50분 거리로 멀지 않았다. 자주 오니 마을과 정이 들었다. 2년 후 김 회장은 추가로 밭을 매입하면서 이 마을로 귀농했다.

귀농 다음 해인 2016년 그는 함평군 보조사업자로 선정되는 행운을 얻었다. 당시 함평군에서는 대추 보급이라는 정책사업을 폈다. 대추 농사를 지으면 묘목 지원은 물론 배관 등 70%의 시설비를 지원했다. 이때 그는 2,310㎡(700평)에 대추 180주를 심었다. 김 회장은 귀농인이 소량 다품종을 해야 수익을 창출할 수 있다고 생각했다. 그래서 대추나무 옆에 샤인머스켓과 무화과 등을 심었다. 샤인머스켓과 무화과는 하이드렌티아 삽목 번식 외의 또 다른 소득원이다.

김 회장은 농산물 판로 걱정을 하지 않는다. "함평군에서 주최하는 나비와 국향축제 기간에 다 팔아요" 그는 함평군에서 열리는 축제 기간에 대추와 샤인머스켓 등 그동안 수확한 농산물을 대부분 판매한다. 김 회장은 친환경으로 농작물을 재배한다. 이날 찾은 그의 밭에는 표고버섯을 재배한 배지가 뿌려져 있었다. 그는 농약을 전혀 사용하지 않는다. 때문에 그가 생산한 대추는 당도가 높아 500g당 1만~1만5,000원에 판매된다. 일반 대추의 2배가 되는 가격이다. 그가 판매하는 배추의 당도는 33브릭스로 일반 대추 20브릭스보다 거의 2배에 가깝다.

그도 귀농 초기에 마을 원주민과 갈등을 겪었다. "아무 일도 아닌데 괜히 시비를 걸어요" 김 회장은 마을 한 주민이 함평군에서 지원을 받아 설치한 자신의 비닐하우스 시설이 실은 마을 사업으로 배정 받았는데 이를 가로챈 것이라며 억지를 부려 난감했다고 털어놨다. "일부 마을 주민이 길 가다가도 쓰레기만 보이면 왜 안 치우냐고 핀잔을 줬어요" 이같은 텃새는 귀농 초기에 겪는 하나의 과정으로 보면 된다고 했다. 이 과정이 지나면 마을 사람과 자연스럽게 이웃사촌으로 지내게 된다.

귀농의 성공 여부는 소득에 달려 있다

김 회장은 초보 귀농인들에게 귀농 전에 반드시 귀농의 집이나 귀농학교에서 재배 작물을 길러 보라고 권했다. "무턱대고 귀농 초

기에 집을 짓거나 땅을 사서는 안 돼요" 그는 준비되지 않는 귀농은 실패할 확률이 높다고 조언했다.

　그의 귀농 목표는 귀농인들에게 고소득 작물을 발굴해 재배하도록 하는 것이다. "여기저기 다니면서 고소득 작물을 눈여겨보죠" 김 회장은 전국의 귀농인 농가를 찾을 때가 많다. 이럴 때면 어떤 작물이 고소득인지 유심히 살펴본다. "귀농의 성공 여부는 고소득 작물을 선정하느냐에 달려 있어요" 김 회장은 2022년 1월 함평군 귀농어귀촌협의회장에 선출됐다. "귀농인이 고소득을 창출해 안정적으로 정착할 수 있도록 돕는 게 저의 역할이죠" 그의 귀농생활은 또 다른 귀농인의 소득 창출에 있다.

아주 생소한
과일 흑노호
선 구 자

최용학
연제농원 대표

흑노호의 열매와 줄기, 뿌리는 비타민C와 18종의 아미노산이 풍부해 식용이나 의약용품으로 쓴다. 암세포 성장억제와 관절염, 류마티스, 항염증, 심혈관 여성들의 피부미용에 탁월한 효과가 입증됐다.
― 2024년 11월 10일 인터뷰

난생 처음 보는 열매다. 옅은 빨간색의 열매는 둥근 공을 닮았다. 둥근 공에는 호두알 크기의 작은 송이들이 다닥다닥 붙어 있어 마치 축구공을 보는 듯했다. 열매가 달린 나무는 엄지 손가락 굵기에 키는 2m가 넘었다. 가느다란 나무에 새파란 잎사귀가 20~30개씩 달려 있다. 지줏대에 의지한 나무는 제법 큰 포트망에서 3년 정도 자랐다.

"원산지는 중국 남서부 고산지대죠" 귀농 8년차인 최용학 연제농원 대표는 이 나무를 소개하는 데 애를 먹었다. 국내에서는 아주 생소한 과일 나무다. 이 나무 이름은 흑노호다. 최 대표는 흑노호 국내 재배 선구자다.

이름조차 생소한 나무, 흑노호

2024년 11월 10일 만난 최 대표는 2016년 퇴직 후 여행 삼아 전국을 돌아다닌 게 귀농의 계기가 됐다고 한다. 여행 중 우연히 들른 경남 합천군 황계폭포에 반했다. 최 대표는 그 길로 아내를 설득해 밭을 구입하고 전원주택을 지었다. 최 대표는 부산에서 굵직한 회사에 다닌 엔지니어링 출신이다. 그는 대우조선에서 특수용접 훈련교사로 젊은 시절을 보냈다. 이후 강관 철탑을 세우는 사업을 했다. 연 매출 100억 원대를 올렸으나 1997년 IMF(국제통화기금) 때 자금난을 견디지 못하고 문을 닫았다. 마지막으로 손을 댄 것은 PCM보일러 회사다.

"남부럽지 않을 정도로 잘 나갔죠" 최 대표의 인생 1막은 괜찮은 편이었다. 하지만 나이가 들면서 그도 자연스럽게 직장과 사업 등

현직에서 물러나고 퇴직 이후의 인생 2막을 시작했다. 인생 2막은 풍광에 반한 곳에서 출발했다.

귀농 후 처음엔 친구들을 전원주택으로 불러들여 백숙을 삶아먹는 등 한가로운 나날을 보냈다. "그냥 놀고 먹기엔 너무 젊다는 생각이 들었어요" 그는 귀농 생활이 무료하고 심심했다. 합천군에서 운영하는 새합천미래농업대학에 등록했다. 아내와 함께 2년간 귀농아카데미인 농업대학에 다녔다. 여기서 우연히 흑노호를 알게 됐다. 이때부터 흑노호와 함께하는 인생 2막의 첫걸음이 시작된 것이다.

흑노호 액상차를 만들다

"흑노호의 가치를 봤어요" 그는 흑노호가 국내에 많이 알려져 있지 않은 작목이라 언젠가는 빛을 발휘할 것이라는 기대를 했다. 미래 가치가 있는 작목으로 판단하고 더 알려지기 전에 선점해야겠다는 결심을 했다.

하지만 흑노호의 재배는 쉽지 않았다. 처음엔 친환경 EM(유용미생물균)을 너무 많이 주는 바람에 흑노호의 줄기가 말라 죽어갔다. "물을 많이 뿌려주고 겨우 살렸어요" 이렇게 재배방법을 하나씩 경험으로 터득했다. 중국 문헌도 뒤졌다. 직사광선보다는 흐린 빛을 좋아하고 병충해에 강하다는 사실도 알았다. 그래서 비닐하우스에 직사광선을 막아주는 가림막을 설치했다. 뿐만 아니다. 토양은 중성이나 약산성이 좋고 비료를 뿌리는 방법도 재배 실험을 통해 알게 됐다.

여기까지 오는 데 5년이 걸렸다. 그는 흑노호 재배 방법을 거의 터득했다. 재배에 자신감이 생겼다. 흑노호의 열매와 줄기, 뿌리는 비타민C와 18종의 아미노산이 풍부해 식용이나 의약용품으로 쓴다.

"어디에 좋은지 과학적인 입증이 필요했어요" 그래서 그는 부산 동명대에 흑노호의 성분 분석을 의뢰했다. 2022년 대학 교수들의 연구 결과가 나왔다. 암세포 성장억제와 관절염, 류마티스, 항염증, 심혈관 여성들의 피부미용에 탁월한 효과가 입증됐다. 이를 토대로 합천군 농산물가공센터에서 액상차를 만들었다. 곧바로 특허처에 특허 등록까지 마쳤다.

마지막 관문은 마켓팅이었다. 아무리 좋은 액상차라도 팔지를 못하면 소용없는 일이었다. 쇼핑몰을 두드리고 유통 시스템을 활용했다. 2023년부터 본격적인 판매에 나섰다. 연간 매출은 5,000만 원을 기록했다. 하지만 최 대표는 액상차를 필요로 하는 사람들에게

홍보가 되지 않은 게 안타까웠다.

　최 대표는 2024년 합천군에서 지정하는 선도 농가에 이름을 올렸다. 흑노호 재배 실력을 인정받은 것이다. 그는 흑노호 멘토가 됐다. 합천군과 함께 재배 면적 확대를 위해 멘티를 선정했다. 멘티에 선정된 다섯 농가 모두 귀농인들이다. "제가 겪은 시행착오를 모두 전달할 것입니다" 그는 흑노호 재배의 지름길을 멘티들에게 전수할 계획이다. 그가 5년간 재배하면서 얻은 노하우를 압축해서 가르치기로 했다.

　2023년 그는 흑노호에 관심을 보인 주변 지인들에게 5~6그루를 길러 보라고 줬지만 단 한 사람도 성공하지 못했다. 흑노호를 처음 재배할 경우 대개는 실패한다. 아열대 작물인 데다 온도와 습도, 채광 등 생육조건이 까다롭기 때문이다.

귀농을 사업처럼 검토하라

최 대표의 흑노호 재배 목표는 항노화 기업 설립이다. 사람에게 이로운 흑노호 원료를 기반으로 자동화 시스템을 갖춘 공장을 짓는 것이다. 때문에 그는 재배보다는 흑노호의 대중화와 유통, 판매망 구축에 나설 방침이다. 그가 지정한 위탁 농가에 재배 기술을 전수해 보급하고 전량 수매하는 방법으로 흑노호 원료를 확보할 방침이다.

최 대표는 예비 귀농인늘에게 귀농계획표를 반드시 짜서 내려와야 한다고 강조했다. "적어도 5년치 계획을 세워야 해요" 그는 작물 선정은 물론이고 판매 전략까지 세워서 귀농해야 한다는 것이다.

그 다음 조언은 작목 선택이다. 요즘 귀농인의 대부분은 일정한 소득이 필요하다. 농사를 지어 수입을 내야 해 작목을 신중하게 골라야 한다는 의미다. 주의할 점은 주변인이 추천하는 작물도 꼼꼼히 따져 봐야 한다는 것이다. 추천을 받고 내가 재배할 수 있는지, 공급은 넘치지 않는지, 판로가 있는지 등을 종합적으로 파악하지 않으면 낭패를 볼 수 있다.

귀농인에게 한마디 조언을 해달라고 물었다. 사업가 출신인 그의 말이 아직도 귓전에 맴돈다. "어떤 사업보다 귀농사업이 더 어려웠다"고 했다.

국내 신품종
블랙베리 옥수수
개   발

김철환
나비팜 영농조합법인 대표

그는 실패를 하면서 하나의 교훈을 얻었다. 판로가 확보되지 않는 작물은 재배하지 않는다는 원칙을 세웠다. "농사를 아무리 잘 지어도 공급이 넘쳐나면 수익이 전혀 나지 않아요." 판로 확보가 최우선 과제였다.
- 2024년 7월 16일 인터뷰

장마철에 잠깐 햇볕이 난 2024년 7월 16일, 김철환 전남 함평 나비팜 영농조합법인 대표는 어느 때보다도 분주했다. 김 대표는 이날 밭에서 수확한 블랙베리 옥수수를 선별, 포장해 택배 차에 싣는 일로 구슬땀을 흘렸다.

"언제 또 비가 올 줄 모르니, 서둘러야 해요" 김 대표는 조합원 두 명과 함께 창고 안에 가득 쌓인 옥수수 포장 작업에 여념이 없었다. 블랙베리 옥수수는 국내산 신품종으로 보랏빛을 띠고 있다. 쫀득하고 달콤한 데다 영양가도 높다. 김 대표는 4년 전 조합원들에게 블랙베리 옥수수를 심도록 권장했다. 조합원 6농가가 심은 블랙베리 옥수수 밭은 4만9,500㎡(1만5,000평)다. 2024년 2만4,000개의 옥수수를 수확했다. 2024년 블랙베리 옥수수 매출은 1억7,000만 원에 달했다.

3년의 실패가 만든 제1원칙

귀농 10년차인 김 대표는 이제 농사꾼이 다 됐다. 대전에서 운수업을 경영하던 그는 10년 전 고객이 급감하자 사업체를 접었다. 귀농을 결심하고 무작정 땅을 알아보러 다녔다. "고속도로와 국도가 인접해 있는데 땅값이 너무 쌌어요" 그는 교통 여건이 좋은데, 저렴하게 농사 지을 땅을 살 수 있다는 이유로 현재 귀농한 함평군에 둥지를 틀었다. 함평은 연고나 인연이 전혀 없는 곳이다. 귀농 당시 9,900㎡(3,000평)의 땅을 매입했지만 10년 만에 그의 농지는 5만6,100㎡(1만7,000평)로 늘었다. 땅값도 크게 올랐다.

나홀로 귀농한 김 대표의 첫 3년간은 실패의 연속이었다. 벼농사

와 양파, 마늘 등 밭작물을 주로 재배했지만 공급과잉으로 가격 폭락의 쓴맛을 여러 번 봤다. 새로운 돌파구가 필요했다. 그는 실패를 하면서 하나의 교훈을 얻었다. 판로가 확보되지 않는 작물은 재배하지 않는다는 원칙을 세웠다. "농사를 아무리 잘 지어도 공급이 넘쳐나면 수익이 전혀 나지 않아요" 판로 확보가 최우선 과제였다. 어느 작물을 심어야 공급 과잉 없이 안정적인 가격을 유지할 수 있을지 그는 밤낮으로 스터디를 했다.

준비된 자에게 기회가 찾아온다

2019년 기회가 왔다. 전남도농업기술원이 품종을 개발한 '흙하랑 상추'의 계약 재배 요청이 들어온 것이다. 김 대표가 갖춘 시설하우스 여건이 좋은 데다 계약재배 요구 조건이 맞아떨어졌다. 그는 생산자협의회를 구성하고 전남 지역 20농가와 흙하랑 상추를 길렀다. 시설과 노지의 재배면적만 29만7,000㎡(9만 평)에 달한다. 흙하랑 상추는 국내 주요 백화점 등에 전량 납품이 된다. 온라인도 판매한다. 오로지 재배에만 신경을 써도 된다. 흙하랑 상추의 판로 걱정을 하지 않아도 돼 긱정의 절반을 던 셈이다.

김 대표는 오히려 흙하랑 상추의 가격 안정을 위해 작기(재배 기간)를 조절하고 있다. "돌아가면서 상추를 심게 해요" 흙하랑 상추는 시설에서는 1년에 4번까지 재배가 가능하다. 노지에서 작기는 2번이다. 수요에 맞춰 그는 조합원들의 상추 재배 면적을 조절하는 컨트롤타워 역할을 하고 있다.

조합에서 재배하는 작물은 애플수박이다. 11농가에서 애플수박을 기르고 있다. 블랙베리 옥수수와 흙하랑 상추와 마찬가지로 애플수박도 판로 걱정은 없다. 계약재배나 온라인으로 판매가 되기 때문이다.

"농산물 소비 주체가 누군지를 알아야 돼요" 김 대표는 항상 초록마을이나 아파트연합회 등 농산물 수요처에 관심을 두고 있다. 또 대규모 납품을 위해서는 국내 대형 유통매장과 할인마트와 계약을 맺는다. 이처럼 그는 농산물 판로 확보라면 어디든지 발품을 판다.

이런 방법으로 조합을 운영한 결과 매출은 매년 늘어나고 있다. 2023년 매출액은 13억 원이다. 2024년은 6억 원으로 지난해와 비슷한 매출을 올릴 것으로 보고 있다. 조합원은 정회원 9명, 준회원 8명 등 모두 17명이다.

세상에 절로 되는 것은 없다

김 대표가 귀농 후 자리를 잡은 2017년, 그의 아내도 귀농했다. 이듬해 두 아들도 귀농해 김 대표의 농삿일을 돕고 있다. 김 대표의

나홀로 시작된 귀농이 가족 모두의 귀농으로 이어진 것이다.

"원주민과 잘 어울려야 해요" 그는 예비 귀농인들에게 원주민과 소통이 귀농 성패의 갈림길이라고 조언했다. 땅을 샀다고 갑자기 측량해 면적을 넓히면 어느 원주민이 좋아하겠느냐고 반문했다. 또 농번기에 퇴비나 거름할 때 나오는 냄새로 민원을 넣으면 누가 그를 이웃으로 받아주겠냐고 목소리를 높였다.

그는 다행히 마을 인심이 좋아 원주민과 갈등을 겪지 않았다고 행복해 했다. 하지만 죄근 늘어 젊은이들이 귀농하면서 불편한 일을 겪기도 한다고 털어놨다. 김 대표는 "반드시 어느 작물을 재배할지 선정했으면 멘토를 두고 시험재배를 해 봐야 한다"고 강조했다. 세상에 절로 되는 것은 아무것도 없다면서 귀농의 삶도 마찬가지라고 그는 강조했다.

제6장
농사도 세일즈 시대

한 달에 새싹삼 30만 주 판매

이선호
아이니 새싹삼 대표

새싹삼이나 의류나 무엇을 판다는 세일즈의 원리는 같았다. 새싹삼 수요자를 찾기 위해 SNS와 쇼핑몰 플랫폼을 활용했다. 그의 영업 전략은 고객 감동이었다. 고객과 접점을 찾은 게 무엇보다 중요했다.

— 2023년 2월 26일 인터뷰

6년 전, 그는 억대 연봉을 내려놓고 귀향했다. 아버지가 돌아가신 후 어머니 혼자 시골에 사는 게 마음에 걸렸다. 어머니를 모시기 위해 30년 만에 다시 전남 담양의 고향 땅을 밟은 것이다. 아이니 새싹삼 이선호 대표의 귀농 일기는 이렇게 시작됐다. 처음엔 귀농할 생각이 없었다. "아버지가 돌아가시기 전에 도로가의 제일 좋은 땅을 팔지 않고 내 명의로 해놨어요" 2023년 2월 26일 농장에서 만난 막내아들 이 대표는 아버지가 물려준 땅을 보고 눈물을 글썽였다고 했다.

시장을 개척할 작물 찾기

아버지의 배려에 마음을 고쳐먹었다. 농사를 지으면서 어머니를 모시는 것도 "괜찮겠다"는 생각이 들었다. 그는 무슨 농사를 지을 것인지를 놓고 밤낮으로 고민했다. 당시 담양에는 비닐하우스에 딸기 농사를 짓는 농가가 많았다. 광주 인근인 데다 담양군이 딸기 품종을 개발해 농가에 보급하면서 딸기 주산지가 된 것이다.

"이미 공급이 포화상태에 이른 딸기나 샤인머스켓, 포도와 같은 작물로는 승부를 낼 수가 없다는 판단을 했어요" 이 대표는 기존 작물이 아닌 시장을 개척할 만한 가치가 있는 작물을 골랐다. 바로 새싹삼이다. 1년 이상 키운 묘삼을 구입해 20~25일 정도 키우면 새싹삼으로 판매가 가능하다. 1년에 12번 이상 대량 판매를 할 수 있다는 점이 눈에 들어왔다. 새싹삼을 재배하는 선도 농가를 찾았지만 재배 방법을 쉽게 가르쳐 주지는 않았다. 결국 독학으로 새싹삼 재배법을 익혔다. 새싹삼의 효능이 잎에 있다는 것도 이때 알았다. 새싹삼은

잎에 90%의 사포닌이 있고 뿌리에는 10%만 있다. 때문에 새싹삼은 버릴 게 하나도 없다. 건강식품인 데다 한 주당 500원 이하로 저렴해 '국민 신선식품'의 가능성이 보였다.

아버지가 물려준 땅 495㎡(150평)에 비닐하우스를 설치했다. 새싹삼의 재배 방법은 그리 어렵지 않았다. 온도와 습도, 물 조절만 잘하면 큰 병충해 없이 키울 수 있었다.

새싹삼의 품질은 묘삼이 결정한다. 묘삼은 갑삼과 을삼, 파상 등으로 구분된다. 품질이 가장 좋은 갑삼이 가장 비싸다. 그는 다른 묘삼보다 2~3배 더 비싼 갑삼을 구입해 새싹삼으로 키웠다. 이 대표는 아무리 바빠도 주문이 들어오면 수확만큼은 자신이 직접한다. 그는 "한 뿌리씩 문제가 있는지를 확인하고 상자에 담는다"며 "혹시 제품에 문제가 생겨 항의가 들어오면 바로 응대할 수 있다"고 했다.

농업 경쟁력은 영업이다

문제는 판로였다. 한 달 반에 30만 주를 팔아야 했다. 새싹삼은 너무 자라면 상품 가치가 떨어진다. 수확과 동시에 바로 팔아야 한다. 판매는 키우는 것보다 더 어려웠다.

"농업 경쟁력은 영업입니다" 다행히도 그는 패션 의료업계에서 25년간 영업맨으로 일했다. 국내는 물론 해외 주재원 생활을 하면서 의류 판매업으로 잔뼈가 굵었다. 새싹삼 세일즈에 의류 판매 경험이 진가를 발휘했다. 새싹삼이나 의류나 무엇을 판다는 세일즈의 원리는 같았다. 새싹삼 수요자를 찾기 위해 SNS와 쇼핑몰 플랫폼을 활용했다. 그의 영업 전략은 고객 감동이었다. 수요자 입장에서 뭐가 필요한지 파악하고 그 니즈를 채워주는 것이다. 고객과 접점을 찾은 게 무엇보다 중요했다.

나쁜 소비자인 블랙 컨슈머 상대가 힘들었다. 하지만 이들도 고객 감동의 예외는 아니었다. 그는 "겨울에 택배로 보냈는데 새싹삼이 얼었다"며 반품을 요구하는 고객에게 반품을 받지 않고 새로 다시 보내줬다. "신선하지 않다"며 항의하는 고객에게도 똑같은 새싹삼을 다시 보냈다. 고객들의 항의와 반품에는 이유를 따지지 않았다. 새싹삼에 문제가 없는 줄 알지만 고객이 항의하면 불평하지 않고 다시 새싹삼을 보내줬다. 고객이 감동하는 데 꼬박 2년이 걸렸다. 2년의 결과는 무서웠다. 항의하던 고객은 어느새 장기 고객으로 변신해 주위에 새싹삼을 추천까지 했다.

2022년 올린 매출은 8억 원이다. 주 고객은 식당으로 매출의 60%를 차지한다. 쇼핑몰 고객 20%, 개인 장기고객 20%다.

이 대표는 귀농인에게 새싹삼을 적극 추천했다. 새싹삼 시장이 확장되고 있는 추세라 얼마든지 경쟁력이 있다는 게 그의 분석이다. 그는 "시간이 지날수록 판매량이 늘어나는 그래프를 그리고 있다"며 "판매량이 줄어드는 변곡점이 될 때까지는 상당한 기간이 걸릴 것"이라고 전망했다. 이런 점 때문인지 그의 농장에는 새싹삼을 키워보고 싶다는 예비 귀농인이 자주 찾아온다. 이들은 1주일씩 비닐하우스에서 숙식을 하면서 재배법을 배운다. 이들 대부분은 온도와 습도, 물 조절만 하면 저절로 자라는 새싹삼을 한번 재배하겠다는 의지를 보인다.

이 대표는 이들에게 "사흘 안에 100뿌리를 판매하라"는 과제를 준다. 지금까지 예비 귀농인 500여 명이 다녀갔지만 이 같은 '판매의 문턱'을 넘지 못했다. 겨우 7명만 살아남았다. 새싹삼 제자 7명에는 아들이 포함돼 있다.

새싹삼의 성패 분기점은 매출 3억 원이다. 3억 원의 매출을 올릴 때까지 견뎌내야 안정적인 귀농의 삶을 살 수 있다는 게 이 대표의 분석이다. 초기 투자 비용도 1억 원 정도로 적지 않다.

맞춤형 귀농 정책이 절실하다

그는 젊은 사람이 귀농하길 희망하고 있다. 대기업보다 더 많은 연봉을 받는다면, 청년들의 귀농이 가능할 것으로 전망했다. 현재 귀농 정책의 변화가 필요하다고 했다. 그는 "지금처럼 누구에게나 똑같이 지원하는 천편일률적인 귀농 정책으로는 소득을 올릴 수 없다"며 "그 사람에게 딱 맞는 맞춤형 귀농 정책을 펴야 한다"고 강조했다.

그의 꿈은 새싹삼 판매 플랫폼에 다른 작물을 올리는 것이다. 제자들과 함께 이미 구축된 판매 네트워크에 소비가 많은 상추 등 채소를 팔아볼 생각이다. 이 대표도 여느 귀농인처럼 예비 귀농인에게 충분한 준비가 필요하다고 당부했다. 그는 "준비 없는 귀농은 실패할 수밖에 없다"는 평범한 사실을 여러 번 얘기했다.

고구마 연중 온라인 판매

정창안
농바름 이사

정 이사는 농촌에 희망이 있다고 했다. 이런 희망을 이루기 위해서는 농업의 규모화와 매뉴얼화를 할 때 가능성이 있다고 강조했다. 농자재부터 육묘장, 자재, 수확, 판매까지 모두 관리해주는 매뉴얼 농업을 만드는 게 그의 과제다.

- 2023년 7월 20일 인터뷰

결혼 2년 만에 그는 귀농의 길을 선택했다. 이유는 간단했다. 간호사인 아내가 3교대 근무하는 게 너무 안쓰러워서다. 가장인 자신이 가정의 울타리가 되고 싶었다. 그는 먼저 전남 무안으로 귀농해 자리를 잡은 매형의 곁으로 갔다. 농바름(농업은 바름을 실천하는 것) 영농조합 정창안 이사의 귀농 스토리다.

광주에서 사회복지사로 근무하던 정 이사는 2015년 매형(농바름 강행원 대표)의 권유로 무안군 현경면 고구마 밭으로 내려왔다. 3년 동안 그는 고구마 농사를 짓는 봄과 가을철 4~5개월간 광주와 무안을 오가면서 귀농 준비를 했다. "새벽 4시에 고구마밭으로 출근해 밤 10시가 넘어서야 퇴근했어요" 정 이사는 이 기간이 인생에서 가장 힘들었다고 했다. 2년 후인 2017년 12월 정 이사는 아내와 아이들 모두가 무안에 둥지를 틀었다. 온 가정이 귀농한 것이다.

농사에 철학을 담다

2023년 7월 20일 만난 정 이사는 귀농의 첫발이 그리 힘들지 않았다고 했다. "매형이 귀농 7년차에 제가 귀농했어요" 매형이 고구마 농사로 어느 정도 자리를 잡아 귀농 시행착오는 거의 없었다. 빠르게 정착한 정 이사는 매형과 협업을 하고 있다. 고구마 농사와 관련된 '사람 관리'는 매형이, 행정 업무는 정 이사가 각각 맡는 등 업무를 나눴다.

정 이사는 유기농으로 고구마 농사를 짓고 있다. "농약과 화학비료를 쓰지 않고 고구마 농사를 짓는 것은 매우 힘들어요" 그는 농사에 철학이 없으면 유기농을 하기는 불가능하다고 했다. 매형과 함께

다양한 방법을 시도한 끝에 유기농 고구마 농사의 노하우를 터득했다. "유기농의 첫걸음은 비닐을 씌우는 멀칭에 있어요" 유기농 농사는 풀과의 전쟁이라 해도 과언이 아니다. 제초제를 사용하지 않으니 조금만 소홀하면 풀속에 고구마 줄기와 잎이 파묻혀 버리기 일쑤다. 비닐 멀칭과 김매기를 제때에 해줘야 유기농이 가능하다.

유기농으로 고구마를 재배하면 수확량도 뚝 떨어진다. 3.3㎡당 유기농 고구마 수확량은 6~8kg으로 일반 농사 수확량 10~12kg 보다 훨씬 적다.

정 이사가 매형과 함께 짓는 고구마 농사는 39만6,000㎡(12만 평)에 달한다. 여기에 6만6,000㎡(2만 평)에 무와 배추, 고추 등 다른 농작물도 재배한다. 고구마 농사는 순 심기와 수확철에 노동력이 집중적으로 필요하다. "이 시기에는 정말 눈코 뜰 새가 없어요" 그나마 부족한 노동력은 외국인 계절 근로자를 활용해 해결하고 있다.

농사 인큐베이팅

정 이사는 귀농을 시작하는 예비 귀농인을 대상으로 그동안의 노하우를 전수하는 '농사 인큐베이팅'을 운영해 주목을 받고 있다. 예비 귀농인 한두 가정을 선정해 직접 고구마 농사를 짓게 하는 것이다. 이들에게 매월 200만 원의 생활자금을 제공한다. 지금까지 이 인큐베이팅을 거쳐 40명가량이 안정적으로 정착했다. 무안군이 인큐베이팅을 통해 인구가 늘자 큰 관심을 보이고 있다.

정 이사는 고구마 육묘 개발에도 나서고 있다. 고구마는 순을 잘라 땅에 심는 작물이다. 이 과정에서 바이러스가 쌓여 변형을 일으

키면서 퇴화한다. 이런 퇴화를 막는 방법은 고구마 모종의 생장점을 잘라내 조직배양하고 이것을 다시 심으면 된다. "바이러스는 토양에서 생겨요" 정 이사는 때문에 2~3년에 한번씩 조직배양으로 새로운 모종을 만들어 내고 있다. 농바름은 목포대와 공동으로 이런 연구를 하고 있다.

정 이사의 조합에서 수확하는 고구마는 연간 700~800t에 달한다. "이제 판로 걱정은 하지 않아요" 정 이사는 20여 개에 달하는 온라인 채널을 통해 수확량의 절반가량을 판매하고 있다. 정 이사는 이 가운데 3곳을 직접 운영하고 있다. 또 유기농 고구마라 자연드림과 한살림 등 국내 유기농 농산물을 판매하는 생협에서 30% 정도를 소화한다. 나머지는 가공업체에서 소비한다.

고구마 농사에서 가장 중요한 것은 저장이다. "고구마는 온도와 습도에 민감해요" 처음에는 저장을 잘못해 애써 키운 고구마를 버리는 경우가 많았다. 하지만 최근 3~4년 전부터 저장 노하우를 터득해 로스율이 5%대로 떨어졌다. 조합 사무실의 바로 옆에는 330㎡ (100평) 규모의 저장고가 있었다. 2023년 7월 23일 정 이사의 안내로 저장고에 들어가 보니 한여름인데도 썰렁할 정도로 냉기가 가득했다. 반지하인 저장고는 다름아닌 황토 토굴이었다. "저장고의 핵심은 공기순환이죠" 정 이사는 저장고 안의 공기를 어떻게 순환하느냐에 따라 온도와 습도가 달라진다고 했다. 이 저장 비법을 얻는 데 무려 10년 이상 시행착오를 겪었다.

정 이사는 주문한 날 바로 배송하는 당일 출하 원칙을 고수하고 있다. 소비자에게 싱싱한 고구마 맛을 전달하기 위해서다. 이날도 외국인 직원 5~6명이 주문서를 보면서 고구마를 상자에 담고 택배 보내는 업무에 여념이 없었다. 저장고 옆에는 택배로 보내는 종이상자가 수북히 쌓여 있었다.

농촌에 희망이 있다

매년 8월 초부터 고구마 수확을 한다. 정 이사는 판매 수익금은 땅을 사는 데 쓴다. "농사에서 남는 것은 땅이죠" 정 이사는 마을에 밭이 매물로 나오면 빚을 내서라도 구입한다. 고구마 농사로 번 돈을 정직한 땅에 투자하고 있는 것이다. 하지만 갈수록 매물이 나오지 않으면서 매매가격이 올라 걱정이다. 이렇게 구입한 땅이 4만 6,000㎡(1만3,855평)에 달한다.

정 이사는 농촌에 희망이 있다고 했다. 이런 희망을 이루기 위해서는 농업의 규모화와 매뉴얼화를 할 때 가능성이 있다고 강조했다. 농자재부터 육묘장, 자재, 수확, 판매까지 모두 관리해주는 매뉴얼 농업을 만드는 게 그의 과제다.

"귀농인들은 마을 사람과 신뢰를 쌓는 게 가장 중요해요" 그는 귀농인들의 정착 지름길로 마을 사람과의 자연스런 소통을 꼽았다.

내가 만든
농 기 구
전국서 인기

최은식
쉼터 대장간 대표

최 대표는 특이한 귀농인이다. 귀농해서 그가 가진 재주를 유감없이 발휘하고 있는 것이다. 그는 예비 귀농인들에게 자신의 특기를 활용하라고 권했다. "나만의 재주가 있다면 귀농해도 걱정 없어요."
– 2024년 3월 29일 인터뷰

18세 청년은 쇠를 달구는 대장간이 싫었다. 항상 손과 얼굴에 시커먼 쇳가루를 묻히고 다니는 게 창피했다. 풀무에서 나오는 뜨거운 불도 견디기 힘들었다. 그래서 아버지 몰래 봇짐을 싸서 도시로 훌쩍 떠났다. 도시에서 그는 건설업을 했다. 32년간 건설업으로 잔뼈가 굵었지만 점점 작은 일에도 힘에 부쳤다. 환갑을 앞두고 그는 처가로 귀농을 했다.

2024년 3월 29일 만난 충북 단양 '쉼터 대장간'의 대장장이 최은식 내표의 얘기다. 최 대표는 5년 전 황토방과 공방을 하는 아내의 고향으로 내려왔다. 그는 마땅히 할 일이 없었다. 어린 시절 그토록 싫어했던 대장간이 문득 떠올랐다.

아버지로부터 물려받은 기술

"단양에 1,650㎡(500평)의 땅을 샀어요" 2019년 2월, 그는 이곳에 대장간을 준비했다. 어린 시절 아버지로부터 배운 기술로 대장간을 운영하기 위해서다. 그는 도시로 떠날 때까지 아버지에게 대장간 기술을 전수받았다. 무엇이든지 엄하게 가르치는 아버지한테 쇠성질을 모두 익히면서 장인의 실력을 갖췄다. 오랜 숙련을 통해 담금질로 쇠의 강도나 성질을 조절할 줄 아는 대장장이가 된 것이다.

빈 땅에 대장간을 짓고 풀무 외에 모루·정·메·집게·대갈마치·숫돌 등 기본적인 장비를 갖췄다. 1년간 준비를 거쳐 2020년 3월 대장간 문을 열었다. 처음엔 마을 사람들의 농기구를 수리하거나 주문 제작을 했다. 동네 대장간이었다.

시골 장터에서나 볼 수 있는 대장간이 신기했던지 인근 동네 사

람들까지 모여들었다. 최 대표의 대장간은 금세 소문이 나기 시작했다. 어린 시절 배운 대장장이 기술은 어디 가지 않았다. 대장장이 일에 손을 놓은 지 오래됐지만 옛 실력이 녹슬지 않았다. 그렇게 싫었던 대장간이 노후 삶의 활력소가 될 줄은 꿈에도 몰랐다.

"주로 농사에 필요한 농기구를 옛날 방식으로 만들죠" 최 대표는 자부심이 대단했다. 그가 만든 농기구는 시중에서 파는 것보다 단단하고 강하다. 자신이 만든 농기구는 대장간 옆에 마련된 판매장에 그대로 진열된다. 99㎡(30평) 공간에 진열된 판매장에는 기본적인 농사 도구부터 특수용 낫, 정글용 칼 등 20여 가지의 농기구가 놓여 있었다. 뿐만 아니다. 도마와 목탁 등 목공예품도 가지런히 진열돼 있었다.

쉼터 대장간의 특별한 상품

그는 아이디어 상품을 만든다. 농민들이 효율적으로 농기구를 쓸 수 있도록 디자인을 한다. 그가 만든 양날 곡괭이는 농민들에게 인기상품이다. 한쪽 면은 넓어 흙을 고르는 데 편리하고 다른 쪽은 날카로워 구멍을 내거나 찍어내는 데 편리하다. 이런 특수 농기구는 여기서만 판매한다.

가격은 좀 비싼 편이다. 낫 한 자루를 7만 원에 판매하다. 시중에서 파는 가격보다 2배 이상 비싸다. 그럴 만한 이유가 있다. 최 대표의 낫 한 자루면 시중에서 파는 낫을 3자루 이상 사용하는 기간보다 더 오래 쓴다. 그만큼 품질이 뛰어나다는 얘기다. 이런 점 때문에 최 대표 물건을 한번이라도 구입한 사람들은 단골손님이 된다.

　그는 대장간을 소개하는 블로그를 운영하고 있다. 또 2년 전 EBS의 한 프로그램에 최 대표 대장간이 소개되면서 전국에서 주문이 들어오고 있다. 이 프로그램에서는 옛날 방식으로 대장간 운영을 고집하는 최 대표의 대장장이 삶이 고스란히 소개됐다.
　전국에서 직접 최 대표 대장간을 방문하는 이들도 늘고 있다. 몇 시간씩 기다리는 손님들에게 미안한 그는 찜찔방을 직접 만들었다. 9.9㎡(3평) 크기의 찜찔방은 대장간에서 주문을 의뢰하고 대기하면서 쉬는 공간이다. 찜찔방은 어느새 동네 사랑방이 됐다.

자신만의 재주를 찾아라

　손재주가 있는 최 대표는 대장간을 운영하면서 자연스럽게 나무에 관심을 갖게 됐다. 농기구의 손잡이를 나무로 제작하기 때문이다. 나무의 성질을 이해하면서 도마와 목탁, 그릇 등 생활에 도움이 되는 목공예까지 손을 댔다. "목탁을 한번 만들었더니, 주문이 계속 들어와요." 어느 스님의 부탁을 받고 만든 목탁이 소문나면서 주문이 끊이지 않고 있다고 했다.

얼마나 벌까? 최 대표는 한 달 평균 400만~500만 원의 수입을 올리고 있다. 하루에 200만 원어치의 물건을 팔 때도 있다. 귀농 후 뜻하지 않는 벌이다. "먹고 사는 데, 전혀 지장이 없어요." 그는 이 정도 수입으로 행복한 노후 귀농생활을 하고 있다고 자랑했다.

최 대표는 특이한 귀농인이다. 귀농해서 그가 가진 재주를 유감없이 발휘하고 있는 것이다. 그는 예비 귀농인들에게 자신의 특기를 활용하라고 권했다. "나만의 재주가 있다면 귀농해도 걱정 없어요." 귀농하기 전 자신의 재주가 무엇인지 알고 이를 마을 사람들에게 베풀면 안정적인 정착에 도움이 된다고 했다.

고택에 복합문화공간 고객들 북적북적

남우진·기애자
3917마중 공동대표

귀농귀촌해도 도시에서 잘하는 일을 계속 이어갈 수 있는 분야가 많다고 그는 조언했다. '귀농귀촌=농사' 이런 등식은 농경사회가 아닌 현 시대에 맞지 않는 논리라는 것이다.

— 2023년 5월 27일 인터뷰

2015년 여름 어느 날, 전남 나주의 대표 음식 '나주 곰탕'이 그의 인생을 송두리째 바꿔놓았다. 당시 전북 전주에 살던 남우진 씨는 지인들과 곰탕을 먹으러 나주에 왔다. 곰탕 집들은 관아와 향교, 고택 등 천년 목사고을의 역사와 문화를 간직한 옛 도심에 자리하고 있다. 남 씨는 식사 후 산책 삼아 예사롭지 않는 한옥과 고택 등을 둘러봤다. 그의 발걸음은 나주 향교 부근에서 멈췄다. 독특한 맵시의 한옥과 고택 등 풍광이 마음에 들었다.

전주에서 기업 컨설팅을 하던 남 씨의 마음은 흔들렸다. 이 곳에 '문화귀촌'의 둥지를 틀고 싶었다. 45세의 나이에 귀촌의 기회를 잡은 것이다. 그는 그해 가을에 마음에 든 한옥 3채를 샀다. "전주에 살아서 그런지 한옥과 고택의 가치를 바로 알 수 있었어요" 남씨는 인생 후반부를 한옥과 함께 이곳에서 보내기로 결심했다.

인생의 후반부를 한옥과 함께

남 씨는 곧바로 나주로 이사했다. 남 씨는 이때부터 아내 기애자 씨와 함께 2년간 한옥 문화공간을 꾸몄다. 한옥은 이들이 한번도 해보지 않는 낯선 일이었다. 결코 쉬운 일은 아니었다. "원형 보존의 원칙을 세웠어요" 남 씨 부부는 훼손된 부분은 복원하고 필요한 게 있으면 증축하는 방법으로 문화공간의 밑그림을 그려나갔다. 한옥의 변형을 최대한 하지 않으려 애를 썼다. 외부는 그대로 두고 내부만 리모델링해 옛스런 정취를 고스란히 남겨뒀다. 문화재보호 구역으로 지정돼 한옥을 함부로 손댈 수도 없었다.

2017년 가을, 남 씨 부부는 2년간 폐가를 보수하고 정비해 복합문화공간 '3917마중'을 탄생시켰다. 남 씨 부부는 3917마중의 공동 대표가 됐다. 3917마중은 1939년 나주근대문화를 2017년에 마중하다는 뜻이다. 3917이라는 숫자는 의미가 담겨 있다. 1939년 일제 강점기 당시 건축가 박영민 씨가 이 일대에 실험적인 한옥마을을 조성한 데서 39라는 숫자를 땄다. 17은 남 씨 부부가 오픈한 해(2017년)를 기념해 붙여진 숫자다.

2023년 5월 27일 만난 남 대표 부부는 3917마중 오픈까지 마을 주민들의 텃세와 투기꾼이라는 오해에 시달려야 했다고 회고했다. "처음 한옥을 구입했을 때 투기꾼이 마을에 왔다"는 말에 남 대표 부부는 밤잠을 설치기 일쑤였다. 남 대표 부부는 마을 사람들로부터 투기꾼이라는 딱지를 달고 다녔다. 쇠퇴하고 쓰러져가는 옛 도심의 한옥을 구입한 게 마을 사람들 눈에는 투기꾼으로 보인 것이다. "읍성이 위치한 이 마을은 상당히 폐쇄적이죠" 남 대표는 3년간 벙어리처럼 아무런 대꾸를 하지 않고 묵묵히 문화공간을 조성해 나갔다.

3917마중이 문을 열면서 이런 오해는 점차 풀리기 시작했다. 옛 도심에 3917마중이 외지인을 불러들이고 생기를 불어넣는 활력소 역할을 했다. 남 대표 부부는 3917마중 주변의 한옥을 추가로 매입했다. 사람이 살지 않고 비어 있는 폐가의 한옥을 구입한 것이다. 어느새 한옥은 7채로 늘어났다. 한옥 문화공간 규모도 1만2,540㎡(3,800평)로 확장됐다.

나주배와 함께 즐기는 한옥

한옥에 숙박과 체험객이 늘어나면서 복합문화공간으로 자리를 잡아갔다. 3917마중에서는 나주배로 즐기는 다양한 체험과 한옥 스테이를 할 수 있다. 고택은 〈경계인〉, 〈알고 있지만〉 등 영화와 드라마 촬영지로 뜨면서 찾는 이들이 많다. 3917마중 의상실에서는 한복을 입고 3917마중 들은 본 나주읍성을 누비면서 사진을 찍고 SNS에 올리거나 인화도 가능하다. 지난해 이런 복합문화공간을 즐기려는 관광객 50만 명이 다녀갔다.

카페에는 나주배로 만든 베이커리와 식음료가 다양하게 갖춰져 있다. 나주배 스콘과 나주배 파르페, 나주배 양갱이 등 나주배로 만들지 못한 것이 없을 정도로 종류가 다양했다. 손님들은 처음 맛보는 나주배의 맛에 푹 빠져들었다.

나주배를 활용한 다양한 식음료 제품은 기 대표의 손끝에서 나왔다. 성장촉진제를 사용하지 않은 친환경나주배로 배 본연의 맛을 높이기 위해 칼로 다지고 즙을 낸 배 음료와 배 청이 그의 대표적인 시그니처다. 나주배로 만든 배 모양의 양갱이도 인기 상품이다. 로컬 크리에이터의 비즈니스 모델을 창조하고 있다.

3917마중은 시간이 지나면서 옛 도심에 활기를 불어넣는 도시재생의 깃발을 올렸다. "체험과 숙박의 문화공간에 사람들이 몰려들었어

요" 기 대표는 옛 도심에 문화를 덧입히니 관광객들이 북적거렸다며 이게 도시재생이 아니겠느냐고 웃음을 지어보였다.

남 대표 부부는 문화귀촌을 한 지 8년째를 맞지만 여전히 풀지 못한 숙제가 있다. 바로 수익구조다. 복합문화공간을 조성하고 유지하는 데 드는 관리비가 만만치 않다. 3917마중을 관리하는 직원만 8명이다. 코로나19 이전에는 15명의 직원을 뒀다. 남 대표 부부는 3917마중을 오픈한 이후 이곳을 하루도 떠난 적이 없다. 풀 한 포기와 돌멩이 하나도 남 대표 부부의 손길이 닿지 않은 게 없다.

도시재생사업으로 옛 도심에 활기를

남 대표 부부는 민간의 도시재생 노력에 행정의 적극적인 지원을 요구했다. 3917마중은 전남도가 지정한 민간정원 16호다. 또 최근에는 전남도의 유니크 베뉴에 선정됐다. 유니크 베뉴는 지역특색을 잘 반영하고 매력이 있는 회의 장소를 말한다. 2022년에는 기 대표가 만든 나주배 양갱이가 나주시 관광기념품 대상을 수상했다. 또 중소기업벤처부가 선정한 호남권 최고의 로컬크리에이터 기업에 선정됐다.

이처럼 3917마중이 다양한 타이틀을 따고 복합문화공간으로 인기를 모으고 있지만 홍보 부족으로 제 가치를 발휘하지 못하고 있다. 나주에 내노라하는 복합문화공간으로 자리를 잡기 위해서는 시와 행정의 뒷받침이 절실하다는 게 남 대표 부부의 판단이다.

남 대표 부부의 마지막 목표는 민간 주도의 도시재생 모델을 만드는 것이다. 역사와 문화 공간에 민간의 창의성을 더해 이를 융복합하면 민간 주도의 도시재생 사업이 가능하다. 도시재생은 자연스럽게 지역소멸을 막는 도구 역할을 하게 된다. 그는 3917마중의 주변을 보면 폐가와 어르신들이 많아 마을 소멸의 시섬이 머시않았나고 본다. "도시재생 모델 구축은 여러 분야의 협력이 필요해요" 남 대표는 3917마중 주변에 자신과 같은 다양한 재능을 가진 귀촌인이 함께한다면 도시재생은 훨씬 빨라질 것이라고 했다.

남 대표 부부는 예비 귀농귀촌인에게 도시에서 하던 일을 귀농귀촌해서도 계속할 것을 권유했다. 귀농귀촌을 생각하는 대부분은 시골에서 농사를 짓지만 몇 년을 버티지 못하는 경우가 많다. 평생 농사를 지은 농민도 수확의 기쁨을 맛보지 못할 때가 있다. 하물며 도시에서 살다가 내려온 초보 귀농귀촌 농사꾼이 어떻게 성공할 수 있겠느냐고 남 대표는 반문했다. 귀농귀촌해도 도시에서 잘하는 일을 계속 이어갈 수 있는 분야가 많다고 그는 조언했다. '귀농귀촌=농사' 이런 등식은 농경사회가 아닌 현 시대에 맞지 않는 논리라는 것이다.

기 대표는 예비 귀농귀촌인에게 절대 빚을 내지 마라고 당부했다. 그는 "초기에 빚으로 시작하면 빚을 갚을 수 있는 기회가 많지 않다"며 "최근처럼 고금리가 되면 빚 걱정에 귀농귀촌의 본래 목적이 퇴색된다"고 했다.

제7장

다시 고향에서 늦깎이 농부로

홀로 계신
어머니 곁에서
보리수 농사

이영기
검산농장 대표

이 대표가 일반 귀농인과 다른 점은 수확물의 철저한 품질 관리다. 수확 시기가 되면 그는 직접 열매를 따서 먹어 본다. "까다로운 제 입맛을 통과하지 못하면 수확을 하지 않아요."
– 2023년 6월 16일 인터뷰

전남 화순군 사평면 사평중학교에서 자동차로 폭 2m의 산길을 20분 정도 달리자 밤꽃 냄새가 진동했다. 온 산에 핀 하얀새이 밤꽃이 눈에 확 들어왔다. 외딴 주택에 이르자 가로수처럼 신작로 양 옆에 심어진 보리수 나무의 빨간색 열매가 주렁주렁 매달려 있었다. 들녘보다는 산골 농장에서 농번기가 한창인 2023년 6월 16일 찾은 귀농 5년차 검산농장 이영기 대표는 보리수 열매 수확 후 뒷정리를 하고 있었다. "올해는 가뭄이 들어 보리수 수확량이 예년보다 줄었어요" 이 대표는 이상 기후로 지난해보다 못한 수확량에도 불구하고 얼굴에는 미소와 웃음이 가득했다. 이날 이 대표는 보리수 열매를 따러 온 지인 3명의 바구니에 듬뿍 담아줬다. 시골 인심은 넉넉했다.

자연스레 걷게 된 귀농의 길

　이 대표는 쉰이 넘어서야, 나고 자란 고향으로 돌아왔다. 이 대표는 5년 전, 홀로 계신 어머니의 건강을 보살피고 농장 운영을 위해 자연스럽게 귀농의 길을 걷게 됐다. 이 대표가 운영하는 농장은 4만 2,900㎡(1만3,000평)로 아버지한테 물려받았다. "형제 중에 누군가 농장을 운영해야 했어요" 아들 3명 중 두 명이 타지와 외국에서 살아 농장은 고향 인근인 광주에 사는 이 대표의 몫이 된 것이다.

　귀농 전 이 대표는 아내와 함께 광주에서 꽃집과 분재원을 운영했다. 이 대표는 직장생활도 해 봤지만 얽매이는 것 같아 오래 다니지는 못했다. "시골에서 자라 꽃과 나무 이런 것을 기르는 데는 자신 있었어요" 흙을 만지고 나무를 가꾸는 일은 이 대표의 적성에 맞았다.

아버지가 10년 전 병석에 누우면서 그는 고향의 농장과 꽃가게의 두 가지 일을 해야 했다. "두 가지 일을 하다 보니 능률이 안 올라요" 이 대표는 둘 중 하나에 집중하기로 결정했다. 홀로 계신 어머니를 돌보고 아버지의 농장을 물려받는 1석 2조의 일이 귀농이었다. 그는 전남 화순군에서 운영하는 귀농귀촌학교에 입학해 농사짓는 법을 새로 배웠다.

고향으로 귀농한 그는 원주민과의 텃세나 갈등은 없었다. 하지만 일은 항상 산더미처럼 쌓여 있었다. 아버지가 50년간 일궈온 농장에는 밤과 보리수 등 과수만 있는 게 아니었다. 자연산 둥굴레와 약용 칡, 송담, 토복령 등 돈이 되는 약용작물이 산 곳곳에서 자라고 있었다. 때문에 이 대표는 쉬는 날이 없을 정도로 바쁘다. 농사는 풀과의 싸움이라고 해도 과언이 아니다. 자고 나면 쑥쑥 자라는 풀을 베줘야 한다. 그렇지 않으면 농작물의 수확을 기대할 수가 없다. 이맘때쯤 보리수 수확이 끝나면 밤 나무 주변의 풀을 베는 예초기 작업을 해야 한다. 가을에는 밤 수확하느라 눈코 뜰 새가 없다. 또 철따라 약용작물 수확도 해야 한다.

바쁜 농사철에는 귀농학교 동기들과의 품앗이가 큰 도움이 된다. "귀농학교를 같이 다닌 동기생 5명이 품앗이를 해요" 서로 잘하는 분야가 달라 인건비 절감에 품앗이만큼 좋은 방법은 없다. 이 대표는 나무 이식과 전정 등 분재 전문가다. 이와 관련된 일손이 필요한 귀농인들은 이 대표를 찾는다.

얽매이지 않는 삶

그는 고향으로 귀농한 데다 아버지 농장을 물려받아 귀농인에게 지원하는 자금을 신청하지 않았다. 그런 때문인지 빚이 거의 없다. 농사를 짓어 빚을 갚아하는 압박감도 없다. "도시에서 회사 다니는 것보다 수입은 더 많아요" 이 대표는 귀농의 삶에 만족하고 있다. 얽매이지 않고 자유롭게 농장을 운영하는 게 그의 귀농 철학이다. 그는 인터뷰 내내 웃음기가 가득한 표정과 여유를 보였다.

이 대표가 일반 귀농인과 다른 점은 수확물의 철저한 품질 관리다. 수확 시기가 되면 그는 직접 열매를 따서 먹어 본다. "까다로운 제 입맛을 통과하지 못하면 수확을 하지 않아요" 이 대표는 자신을 만족시키지 못한 과일이나 열매가 소비자 입맛을 어떻게 사로잡을 수 있겠느냐고 반문했다. 이런 까다로운 자신만의 품질관리로 얻어진 게 밤 관리다. 그는 매년 9월이면 본격적으로 수확한 밤을 바로 출하하지 않는다. "한 달 가량 저온창고에 보관하면 숙성이 돼요" 이 대표는 이 숙성의 과정을 거치면 밤의 맛이 달라진다고 했다.

이 대표가 또 관심을 두는 것은 포장이다. 같은 상품이라도 어떻게 포장하느냐에 따라 소비자의 발길을 멈출 수 있다는 것이다. 포장에 돈이 더 들더라도 그는 그 비용을 아끼지 않는다.

고객의 신뢰를 얻어라

이 대표는 농산물 판로 걱정을 하지 않는다. 품질과 포장, 두 마리 토끼를 잡은 덕분이다. 그는 화순군 화순읍 축협 하나로 마트와 안양산 수만리의 무인 판매대 등 군내 로컬푸드 2곳을 통해 매년 농산물 수확량을 모두 판매하고 있다. "한번 구입한 고객이 다시 주문하는 경우가 많아요" 이 대표의 고객은 유난히 단골손님이 많다. 2022년 로컬푸드 한 매장에서 1kg짜리 밤 수백 상자가 1주일만에 팔렸다. "알고 보니 고객이 고객을 소개하고 한 손님이 여러 상자를 구입해 가면서 금세 상품이 동났어요" 그는 고객의 신뢰를 얻으면 농산물 판매는 시간 문제라고 단언했다.

  이 대표는 귀농인에게 한 가지를 당부했다. 귀농할 때는 원대한 꿈을 버리라는 것이다. 주변 귀농귀촌인을 보면, 귀농인 100명 중 5명만 정착하고 나머지는 포기하고 돌아가는 것 같다고 했다. "시골 일이 그리 쉬운 일이 아니예요" 이 대표는 농촌 일을 모르고 무작정 귀농할 경우 100% 실패한다고 충고했다. 철저한 준비없이 귀농해 부농이 되려고 한다면 귀농을 다시 한번 생각하라고 거듭 당부했다.

나이 쉰에 귀향 대규모 수박 농사

김광수
수농장 대표

늦깎이 귀농의 염려에 대해, 김 대표는 "아직 건강해 별 문제가 되지 않는다"고 손사래를 쳤다. 그는 귀농의 조건으로 나이가 아니라 건강이라고 잘라 말했다. "건강하고 농사에 열정만 있으면 귀농 조건으로 충분해요"
– 2023년 5월 5일 인터뷰

그는 늦깎이 귀농인이다. 나이 쉰을 훌쩍 넘기고서야 부모가 사는 고향으로 돌아왔다. 그는 시골에서 농사짓는 지금이 인생에서 가장 행복한 시간이라며 활짝 웃는다. 3년 전 귀농한 전북 고창 수농장 김광수 대표의 얘기다.

2023년 5월 5일 찾은 김 대표의 수박 농장은 끝이 보이지 않았다. 660㎡(200평) 규모의 비닐하우스가 흙이 보이지 않을 정도로 연달아 이어졌다. 사방을 둘러봐도 하얀 비닐하우스뿐이다. 이런 비닐하우스가 41개동이나 된다. 수박의 고장 전북 고창에서도 흔치 않는 대규모 농장이다.

아버지 밑에서 배운

김 대표가 귀농 3년 만에 일군 작은 결실이다. 김 대표는 2020년 가을 무렵 귀농해 곧바로 수박 농사에 뛰어들었다. 2019년부터 귀농을 결심하고 고향의 친구와 지인들을 만나 농사 정보를 얻었다. "비닐하우스 8동이 매물로 나왔어요" 수박 농사를 짓던 동네 지인이 다른 일이 많아 내놓은 것이다. 김 대표는 거의 무상으로 넘겨받았다. 처음으로 수박 농사를 지었지만 귀농 첫해 수확은 괜찮았다. 수박 농사만으로 2,000만 원의 순수익을 올렸다.

김 대표는 귀농 전에 도시에서 다양한 일을 해봤다. 자동차 판매를 비롯해 보험, 전기, 부동산 중개업 등 영업 분야에서 안 해 본 일이 없을 정도다. 자본이 없는 김 대표는 몸으로 하는 일을 주로 했다. 하지만 벌이는 좋지 않았다. 30년을 일했지만 한번도 목돈을 쥐어 보지 못했다.

이런 도시 생활에 지쳤다. 부모가 있는 고향으로 귀농을 결심한 계기다. "어릴 때 아버지 밑에서 자연스럽게 수박 농사를 배웠죠" 김 대표는 특별히 수박 농사를 배우지 않았지만 자신 있었다. 귀농 후 2년간 6번의 수박 농사를 지었지만 한 번도 실패하지 않았다. 매년 5,000만 원의 순수입을 올렸다.

수박 농사는 1년에 3번 짓는다. 2월에 심고 6월에 수확하는 게 첫 번째 농사다. 수확을 마친 후 곧바로 심으면 8월쯤 두 번째 수확을 하게 된다. 여름이라 재배 기간이 짧다. 8월에 심은 수박은 11월에 마지막 수확을 한다. 마지막 수확한 수박은 주로 업소용 과일 안주로 판매된다.

아무런 지원도 받지 못한 귀농

김 대표는 올해 수박 농사를 크게 늘렸다. 때마침 농사를 짓는 8동 인근에 34동의 비닐하우스가 매물로 나왔다. "수박 농사에 자신이 생겼어요. 한번 크게 농사를 짓고 싶었어요" 김 대표는 3억 원을 주고 지상물인 비닐하우스를 인수했다. 농어촌 공사 소유의 비닐하우스 부지는 3년간 임대했다.

이 과정에서 김 대표는 귀농 후 아무런 지원을 받지 못했다고 호소했다. 그는 시설 인수 대금으로 귀농창업자금 3억 원을 신청했지만 거절당했다. 비닐하우스 부지 임대 기간이 15년이 돼야 자금 지원이 가능하다는 것이다. 그는 "농어촌공사는 최대 3년간 임대계약서를 쓰는데, 어떻게 15년으로 할 수 있겠느냐"고 분통을 터트렸다. 농사를 짓고 있는지 여부가 중요한 게 아니냐는 게 김 대표의 주장이다. 고창군은 창업자금 상환 기간을 고려해 일정기간의 임대차 계약 기간이 필요하다는 입장이다. 고창군 관계자는 "창업자금 상환 기간은 5년 거치, 10년 분할상환을 해야 한다"며 "때문에 김 대표의 경우 임대차 계약기간이 최소 15년이 필요하다"고 했다.

대규모 수박 농사를 짓게 된 김 대표는 눈코 뜰 새 없이 바쁘다. 매일 오전 6시 이전에 농장에 나오지만 퇴근 시간은 따로없다. 해가 지거나 일이 끝나야 퇴근하기 때문이다. "모종을 심고 나면 할 일이 많죠. 수박 한 주 한 주 곁순 따주는 게 품이 제일 많이 가요" 김 대표는 본격적인 농사가 시작되면 하루에 16명의 외국인 인부를 쓴다. 하루 인건비는 12만 원이다. 돈이 궁할 때 인건비를 주는 게 가장 힘들다고 토로한다.

건강과 열정이 있다면 가능한 귀농

귀농힌 김 대표는 베트남 신부를 맞이했다. "결혼을 하고 나니 인정된 생활을 하는 거 같아요" 김 대표는 수박 농사만큼이나 가정에도 충실하다. 다문화 주부인 아내가 고창읍내 다문화센터에서 문화와 언어를 배울 수 있게 배려하고 있다.

수박 농사를 짓는 데 동네 친구 8명이 큰 도움을 주고 있다. "모르면 친구들에게 수시로 물어보죠. 살아 있는 교과서예요" 김 대표는 다행히도 아직까지 수박 병충해 피해를 입지 않았다. 그는 항상 불상사에 대비해 농업기술센터와 지인들 농장에 들러 병충해 방제와 최신 재배법을 배우고 있다.

늦깎이 귀농의 염려에 대해, 김 대표는 "아직 건강해 별 문제가 되지 않는다"고 손사래를 쳤다. 그는 귀농의 조건으로 나이가 아니라 건강이라고 잘라 말했다. "건강하고 농사에 열정만 있으면 귀농 조건으로 충분해요" 김 대표는 우리 농촌은 아직 미래와 희망이 있다고 강조했다. 그는 도시에서 살 때 느끼지 못했던 포근함과 희망을 귀농에서 찾고 있다.

늦깎이 귀농자에 안성맞춤 작물

김이환
영광귀농귀촌협의회장

어떤 작물이 귀농인에게 적합할까? 그는 이런 고민을 하기 시작했다. 그 답은 전북 순창에서 나왔다. "두릅이 눈에 딱 들어왔어요" 김 회장이 순창에서 두릅 농사를 짓는 귀농인을 만나 무릎을 쳤다. 재배하기가 쉽고 봄철 한 달 정도만 일하면 되는 게 두릅 농사였다.

— 2024년 2월 28일 인터뷰

2016년 가을, 그는 전남 영광군 군남면 고향 마을에 둥지를 틀었다. 시골에 살던 그는 군 전역 후 도시 생활을 선택했다. 더 잘 살아 보겠다는 굳은 각오를 다지면서 젊은 나이에 서울로 떠났다. 상경해 건설업을 하면서 제법 돈도 벌었다. 정치를 바꿔 보겠다는 생각에 정당인 생활도 조금 했다. 하지만 나이가 들면서 고향 산천이 그리워졌다. 환갑을 넘기면서 고향으로 귀농을 해야겠다는 마음을 굳혔다. 34년 만에 다시 찾은 고향 마을이다. 전남 영광군 귀농귀촌인협회 심이환 회상의 귀농벌곡이나.

귀농은 인생 최고의 선택

"제가 선택한 것 중 가장 잘한 게 귀농입니다" 김 회장은 2024년 2월 28일 귀농 소감을 묻는 기자에게 함박웃음으로 대신했다. 고향에 농지를 구입하고 집을 새로 지었다. 산속에 있는 집은 한가롭고 여유로워 보였다. 넓은 들판과 작은 연못도 그의 집 주변에 자리했다. 귀농과 귀촌의 중간지대인 자연인의 삶을 살고 있는 듯했다.

김 회장은 귀농할 때부터 농사를 지었다. "자연환경을 고려해 더덕과 도라지 등 특용작물을 심었어요" 그는 또 영광 특산물인 송편에 들어가는 동부(돈부)콩을 재배했다. 국산 동부가 비싸 송편에는 러시아산 수입산을 쓰고 있다. 송편 동부의 국산화를 위해 싼값에 제공하는 게 재배 목적이었다.

하지만 특용작물과 동부 재배는 쉽지 않았다. "고사리 한 근이 6만 원인데, 이 한 근을 만들기 위해서 몇 뭉치의 고사리를 따고 삶고 해야 해요" 특용작물은 노동력과 품이 너무 많이 들어 귀농인에게 적절한 작물이 아니라고 그는 판단했다. 인구의 고령화와 인구 감소로 농촌 마을 어디에서도 인력을 구하지 못하는 게 현실이다. 그렇다고 외국인 계절 근로자를 확보하는 것도 쉽지 않다.

귀농인에게 적합한 작물 찾기

어떤 작물이 귀농인에게 적합할까? 그는 이런 고민을 하기 시작했다. 많은 노동력을 들이지 않으면서도 적절한 수익을 내는 작물을 찾으러 다녔다. 전국의 농업기술센터와 소문난 귀농인들을 찾아다니면서 귀농인에게 적합한 작물이 무엇인지 고민했다.

그 답은 전북 순창에서 나왔다. "두릅이 눈에 딱 들어왔어요" 김 회장이 순창에서 두릅 농사를 짓는 귀농인을 만나 무릎을 쳤다. 재배하기가 쉽고 봄철 한 달 정도만 일하면 되는 게 두릅 농사였다. 다른 작물처럼 기후와 강수량도 크게 걱정할 필요가 없다. 더욱이 판로 걱정을 하지 않아도 된다. 서울 가락동 도매시장에서 두릅은 늘 공급이 부족하기 때문이다. 두릅 농사를 더 알아봤다. 전남 보성에서 두릅박사 이춘복 씨를 이 무렵 만났다. 이 씨는 두릅 선구자였다. 이 씨가 개발한 이형두릅이라는 품종을 심어 보기로 했다.

2021년 봄, 그는 이형두릅을 심었다. 2,640㎡(800평) 밭에 7,200주를 심었다. 자연이 키워준 두릅은 다음 해 4월 파릇파릇한 새순으로 올라왔다. 신기했다. 잡초를 베고 제거하는 게 가장 힘든 일이었다. 김 회장은 첫 수확 때 두릅을 무료로 나눠줬다. "고향 사람과 공무원들에게 밭에서 필요한 만큼 두릅을 따가라고 했어요" 그는 수확의 기쁨을 지역민과 나누고 싶었다. 두릅 농사에 재미를 붙

인 김 회장은 두릅 농사를 7,590㎡(2,300평)으로 늘렸다. 2023년 봄 그는 지역민과 지인들에게 나눠주고도 1,000만 원 정도의 수익을 올렸다. 두릅을 소득작목으로 확신한 그는 영광군 두릅작목반을 조직했다. 작목반에는 귀농인을 중심으로 12명이 가입했다.

김 회장은 두릅작목반을 영농조합법인으로 업그레이드 할 생각이다. "단순 생산에 그치지 않고 판로 개척과 유통에도 신경을 써야 합니다" 두릅의 원활한 유통을 위해서는 집하장 설치가 필요하다.

개별 농가가 유통과 판로 시스템을 갖추는 데는 한계가 있기 때문이다. 그는 영광군에 생산된 두릅을 싣고 서울 가라동 농수산물 도매시장까지 운송하고 판매하는 일을 맡아달라고 요구했다. "지역 소득 작물인데, 농민들에게만 맡겨놓으면 안 됩니다" 김 회장은 유통과 판매 시스템을 확보해 달라고 영광군에 수차례 건의했다. 귀농인뿐만 아니라 농민들의 소득안정 차원에서도 유통시스템을 행정이 뒷받침해달라는 것이다.

김 회장님의 작은 꿈

김 회장의 작은 꿈은 후배 귀농인들의 시행착오를 줄여주는 것이다. "귀농하면 그냥 놀 수는 없잖아요. 무슨 작물이든 심고 길러야죠" 귀농인들이 기본적인 소득을 낼 때 안정적으로 정착하는 경우를 그는 여러 번 봤다. 예비 귀농인들이 어떻게 하면 잘 정착할 수 있는지 멘토가 되고 싶은 게 그의 바람이다.

김 회장은 예비 귀농인과 초보 귀농인들에게 한 가지를 당부했다. "귀농해 사는 지역과 지역민의 문화에 젖어야 해요" 원주민과 물과 기름처럼 분리될 경우 귀농인은 실패의 맛을 본다. 영농철이면 여느 농촌이나 퇴비와 거름 등의 시골 냄새가 난다. 하지만 이걸 문제 삼거나 농사철 병충해 방제에 민원을 제기하는 귀농인이 더러 있다는 것이다. 김 회장은 "아무리 고향에 귀농하더라도 원주민과 원만하게 지낼 자신이 없다면 귀농을 포기하라"고 조언했다.

제8장
귀농인 누구나 재배 가능한 두릅

두릅 신품종 개발·보급

이춘복
대한연합영농조합법인 대표

그는 귀농인의 추천 작물로 주저없이 두릅을 꼽았다. "두릅은 재배하기가 쉬워요." 이 대표가 귀농인에게 두릅을 추천한 단 한 가지 이유다. 두릅은 심어놓으면 저절로 자란다고 덧붙였다.

– 2024년 1월 14일 인터뷰

겨울철 농한기인데도 그는 농번기 때보다 더 바빴다. 대형 비닐하우스 농장 한 켠에 마련된 29.7㎡(9평) 남짓의 사무실은 전국에서 견학 온 농민과 예비 귀농인들로 붐볐다. 젊은 청년부터 퇴직한 이들까지 연령층도 다양했다. 마을 입구부터 차량이 즐비하게 늘어서 있으니 인구소멸과는 거리가 먼 마을처럼 보였다.

바쁜 와중에도 그는 사무실을 찾는 이들을 깍듯하게 맞아줬다. 방문자들은 귀농은 물론 두릅식재, 재배, 수확, 판매까지 꼼꼼하게 물었지만 그의 답변은 막힘이 없었다.

두릅으로 결정한 단 한 가지 이유

2024년 1월 14일 전남 보성군 득량면 신전마을 전국두릅연구소 사무실에서 만난 이춘복 한국두릅연구소 대표가 그 주인공이다. 보성군귀농귀촌협의회 회장을 지낸 이 대표는 대한연합영농조합법인 대표와 둥지농원 대표를 맡고 있다.

그는 귀농인의 추천 작물로 주저없이 두릅을 꼽았다. "두릅은 재배하기가 쉬워요" 이 대표가 귀농인에게 두릅을 추천한 단 한 가지 이유다. 두릅은 심어놓으면 저절로 자란다고 덧붙였다. 다른 작물처럼 영농기술이 필요하지 않다는 게 이 대표의 설명이다. 그가 이런 두릅을 만난 것은 2019년 11월 우연한 기회에서다. 대체의학을 연구하던 그는 노후에 자연에서 자연인으로 살기를 원했다. 그는 지인의 소개로 밭을 구입해 놓은 현재 사는 신전마을로 자연스럽게 귀농했다. 밭에는 두릅나무가 심어져 있었다. 이 마을 사람들은 오랫동안 소득작물로 두릅을 재배해왔다.

이듬해 3월이 되자, 마을 사람들은 두릅을 수확했다. 이 대표도 귀농 후 첫 수확에 나섰다. 마을 사람들은 수확한 두릅을 서울 가락동 농수산물 도매시장에 팔았다. 그런데 희한한 일이 벌어졌다. 가락동 도매시장에서 이 대표의 두릅은 마을 사람보다 2~3배 높게 팔렸다. "농사꾼이 아닌 소비자 입장에서 포장을 했어요" 답은 포장에 있었다. 그는 수확한 두릅을 균일하고 보기 좋게 포장을 했다. 크기가 다른 두릅을 넣어 정해진 무게만 채우던 기존 방식에서 벗어난 것이다. 마을 사람들도 이 대표의 포장 방식을 따르자 두릅 가격을 이전보다 훨씬 더 받게 됐다.

그는 포장의 혁신으로 가격을 이전보다 2배 이상 받게 되면서 주목을 받았다. 이런 소문은 금세 보성군으로 퍼져나갔다. 그는 귀농 2년 만인 2021년 보성군두릅작목반을 조직했다. 70여 명이 작목반에 가입했다. 두릅의 재배와 판매, 유통의 정보를 서로 나누면서 소득향상으로 이어졌다. 2022년 귀농 3년 만에 보성귀농귀촌협의회 회장으로 선출됐다.

기후변화에 발빠르게 대응하는 농업인

"기후 위기가 심각해요" 이 대표는 두릅을 재배하면서 매년 심각해지는 기후변화를 겪었다. 2022년 봄 불어닥친 추위로 냉해를 입어 두릅 생산량이 뚝 떨어졌다. 생산량은 예년보다 절반밖에 되지 않았다. 그는 수확철에 갑작스런 기후변화로 1년 농사를 망치는 일이 앞으로 자주 일어날 수 있다고 판단했다.

이 대표는 기후변화 대응차원에서 냉해에 강한 두릅 품종 발굴

에 나섰다. 발품을 팔아 전국을 돌아다녔다. 하지만 답은 가까운 데 있었다. 마을 한 켠에서 수십 년간 자란 고목나무 같은 두릅나무를 발견했다. 그는 순천대에 이 토종 두릅나무의 족보와 냉해를 견딜 수 있는 육종이 가능한지 의뢰했다. 연구를 거듭한 끝에 품종 개량에 성공했다. 우리나라 기후와 토지 특성에 알맞은 품종이 나온 것이다. 그는 품종 개량한 두릅을 이형두릅으로 명명했다. 1년에 수확을 두 번 한다는 의미에서 이형이라는 이름을 붙인 것이다. "한 나무에서 봄철과 여름철 두 번에 걸쳐 수확이 가능해요" 이 대표는 지역에 따라 심는 시기는 조금씩 다르지만 전남에서는 2월쯤 두릅 뿌리로 심을 것을 권장했다. 이 두릅은 심고 난 지 4개월 만인 6월쯤에 첫 번째 수확을 한다. 다음 해 4월쯤 또 한 번 수확을 한다. 일반 두릅보다 여름철에 수확을 하는 게 다르다.

이형두릅 전도사

첫 번째 수확한 여름철 두릅은 가지가 길어 봄철 두릅처럼 데쳐 먹기가 불편하다. 그래서 이 대표는 김치를 담궈 봤다. 주변 반응이 좋았다. 아삭거리는 식감에 향내도 나지 않아 남녀노소 누구나 먹기에 안성맞춤이었다. 몇몇 김치공장에 두릅김치 시제품을 선보이고 시식회를 가졌다. 두릅김치를 담궈 판매하면 대박 예감이 난다는 반응이었다. 김치 두릅으로 농산물의 6차 가공산업의 첫발을 내디던 것이다. 여름철 두릅은 생산량이 적다. 때문에 두릅김치를 담글 만한 물량을 확보하는 게 관건이다. "심기만 하면 책임집니다" 그는 이형두릅 전도사로 나섰다. 이날도 30대 예비 귀농부부에게 이형두릅의 장점을 설명하면서 판로는 걱정하지 말라고 연신 강조했다. 이 대표는 두릅김치로 2024년 국회가 주관하는 제11회 대한민국지식경영포럼에서 대상(농업분야 신지식 신기술상)을 받았다.

봄철이 아닌 여름에 판매하는 두릅의 가격도 괜찮은 편이다. "여름철 두릅은 경매 시장에서 아직은 낯설어요" 2022년 가락동 농수산물 도매시장에서 어름철 두릅은 kg낭 1만2,000~1만6,000원에 거래됐다. 이 대표가 여름철이라는 두릅의 새로운 시장을 개척한 것이다.

귀농인 이 대표의 연간 매출은 얼마나 될까? 두릅 재배 면적은 3만3,000㎡(1만 평)다. 이 가운데 1만9,800㎡(6,000평)를 임대해서 두릅농사를 짓고 있다. 한 해 매출은 두릅 판매와 부대 수입 등을 포함해 3억 원대에 달한다. "두릅 농사는 평균 평당 1만 원가량으로 보면 됩니다" 이 대표는 어느 농작물 수입보다 두릅이 2배 이상 많다고 자신했다.

이 대표는 두릅을 귀농인뿐만 아니라 고령화되고 있는 농촌의 소득작물이라고 평가했다. "이 마을에서 82세 된 할머니 혼자 3,960㎡(1,200평)의 두릅 농사를 짓고 있어요" 그는 작물 특성상 어르신들도 두릅농사를 지을 수 있다고 했다. 거름을 주고 예초기 작업, 수확할 때만 자녀들의 도움이 필요하다는 것이다. 두릅 농사의 영농 일수는 다른 작목에 비해 많지 않다. "수확철에는 매우 바빠요" 봄철 수확철에는 하루에도 몇 번씩 두릅 순을 따야 해 눈코 뜰 새가 없다. 수확기 한두 달을 빼면 두릅은 농한기에 접어든다. 초보 귀농인들이 재배하기에 알맞은 작물이라는 것이다.

이 대표가 권하는 초보 귀농인들의 두릅재배 면적은 3,300㎡(1,000평) 정도다. 이 정도 규모면 초기 자본으로 1,500만 원이 든다. 이 대표도 여느 귀농인처럼 얘기한다. "절대로 귀농할 때부터 주택 짓지 말고 대신 동네 사람과 친하게 지내라"고 권장했다.

두 달 만에
1억 5,000만 원
고　　수　　익
두릅 촉성재배

김창신
시나브로 대표

"수확철에만 인력이 있으면 될 것 같았어요." 그가 두릅을 선택한 이유다. 고추농사를 하면서 농촌 고령화로 수확철만 되면 인력 구하기 전쟁을 벌였던 쓰라린 경험이 두릅 선택에 큰 도움이 됐다.
　　　　　　　　　　　　　　　　　　－ 2024년 3월 22일 인터뷰

"1년간 실패하고 얻은 값진 결과물입니다"

농업회사법인 (주)시나브로 김장신 대표는 2024년 3월 22일 비닐하우스에서 쑥쑥 자라고 있는 두릅 순을 보면서 울컥했다. 그동안 고생했던 순간들이 주마등처럼 스쳐 지나간 모양이다. 297㎡(90평) 규모의 비닐하우스 2동에는 200개씩 두릅 가지가 들어 있는 플라스틱 상자가 길다랗게 줄지어 놓여 있다. 가로와 세로 1m 크기의 2단으로 쌓여 있는 플라스틱 상자에는 순이 올라온 두릅 가지들로 가득했다. 활짝 핀 순에서 이제 막 피기 시작한 순까지 그 종류는 다양했다. 바닥에는 물을 수시로 주었는지 물기가 촉촉하게 남아 있다.

노동집약적 농업에서 벗어나다

요즘은 날마다 올라온 순을 따는 수확철이다. 수확기 두릅 촉성재배를 하는 비닐하우스 내부 모습이다. 촉성재배의 수확시기는 일반 노지 재배보다 한 달 정도 빠르다. 김 대표의 촉성재배 방법은 노지에서 동면을 한 두릅의 가지를 50~60cm 정도로 잘라 비닐하우스에서 30일 정도 속성으로 기르는 것이다. 두릅의 원목을 굵게 잘라 순을 기르는 일반적인 촉성재배 방식과는 사뭇 달랐다.

김 대표는 2015년 고향인 전남 장성으로 귀농했다. 농산물 유통 관련 회사에서 13년간 근무하다가 자신의 계획에 맞춰 고향으로 내려왔다. "농촌에 살아도 충분히 수익창출이 가능할 것 같았어요" 그는 농산물 유통 경험을 살려 고향에서 수익을 내는 농사를 지어 보고 싶었다. 그런 계획에 따라 귀농 후 처음엔 고추 농사를 지었다. 하지만 여간 힘든 일이 아니었다. 농번기 때 인력 구하기가 하늘의

별따기였다. "노동집약적인 고추농사는 장기간 할 수 없다는 판단을 했어요" 그래서 과감히 접었다.

　김 대표는 귀농인에게 알맞은 작물 공부를 했다. 여기저기 귀농 선배를 찾아다녔다. 두릅이 눈에 들어왔다. "수확철에만 인력이 있으면 될 것 같았어요" 그가 두릅을 선택한 이유다. 고추농사를 하면서 농촌 고령화로 수확철만 되면 인력 구하기 전쟁을 벌였던 쓰라린 경험이 두릅 선택에 큰 도움이 됐다. 그래서 가족끼리 할 수 있는 작목이 무엇인지 고민했다. 그는 9,900㎡(3,000평)의 땅에 2만 주의 두릅을 심었다. 노지 재배는 기대만큼의 수확을 올리지 못했다. 다시 공부를 시작했다. 전국을 다니면서 고소득을 올릴 수 있는 두릅 재배 방법을 배우기 시작했다.

두릅 재배의 해답을 찾다

5년 전 그는 경기도 가평에서 **두릅**을 촉성으로 재배하는 농가를 방문했다. 이 농가는 두릅의 가지를 잘라 비닐하우스에서 인위적으로 수확 시기를 조절하는 재배를 하고 있었다. "두릅 가격은 수확 시기에 따라 결정돼요" 김 대표는 지난 수년간 가격 자료와 경험에서 3월 초에 수확하는 두릅의 가격이 가장 높다는 것을 알았다. 1kg당 6만~8만 원에 도매시장에서 거래됐다. 하지만 노지에서는 이 시기에 수확이 불가능하다. 제주도와 일부 남부 지방에서 막 수확이 시작되는 시기다. 답은 촉성재배에 있었다. 장성에서 노지 두릅 수확은 4월 중순이 넘어야 시작돼 4월 말경에 본격적으로 수확이 이뤄진다. 하지만 가격이 2만 원 안팎으로 촉성재배에 비해 상당히 낮다.

"밤낮으로 연구를 했어요" 김 대표는 1년 정도 촉성재배의 시험을 했다. 두릅 가지만 가지고 순을 틔우는 방법이 그리 쉽지 않았다. 온도와 물, 목대 간격 등 여러 가지가 맞아야 두릅 순이 나오고 잘 자랐다. "처음엔 물이 고일 정도로 흠뻑 주었는데 뿌리가 다 썩었어요" 물이 고여 있는 두릅의 뿌리는 금세 썩었다. 그래서 물을 흩뿌려 주는 방법으로 바꿨다. 물이 고이지 않게 흐르면서 가지에만 적시는 방법도 시도해 봤다. 물뿐만 아니다. 비닐하우스 온도도 두릅 순 성장에 영향을 미쳤다. 영상 10℃ 이상이면 두릅 순이 동해 피해를 입지 않는다는 것도 깨달았다.

다양한 방법으로 1년간 두릅과 씨름을 했다. 김 대표는 자신의 경험과 시험재배로 촉성재배의 노하우를 터득했다. 하지만 두릅 촉성재배에 필요한 대목을 구하기가 쉽지 않았다. 김 대표는 자신의 밭

에서 자라는 두릅을 잘라 목대로 사용했다. 그래도 턱없이 부족했다. 결국 상당수 목대는 중국에서 수입했다.

"촉성 재배 소득은 노지의 2~3배에 달해요" 촉성재배의 가장 큰 장점은 가격이 높다는 점이다. 김 대표는 297㎡(90평)짜리 두 동의 비닐하우스에서 3t가량 수확한다. kg당 서울 가락동 농수산물 도매시장에서 4만~5만 원에 거래되는 것을 감안하면 매출은 1억3,000만 원이 넘는다. 촉성재배 기간은 40일 정도다.

40일만에 이처럼 큰 소득을 올리는 데는 촉성재배로 수확 시기를 조절할 수 있기 때문이다. "매년 가락동 농수산물 도매시장의 두릅 가격을 봐요" 김 대표는 두릅 가격의 추이를 보면서 언제 촉성재배를 시작할지를 결정한다. 매년 3월 중순에 두릅 가격이 가장 높게

형성된다. 이 수확 시기에 맞춰 김 대표는 촉성재배에 들어간다. 올해도 적중했다. 5년간 두릅 촉성재배의 경험과 노하우가 힘을 발휘한 셈이다.

앞으로 해결해야 할 과제

김 대표의 고민은 촉성재배에 사용하는 대목이다. 대량으로 필요해 국내에서 조달하기가 어렵기 때문이다. 중국에서 수입하고 있지만 이마저도 지속될지 불투명한 상황이다. "중국 자체에서도 두릅 소비가 많아 우리가 대목을 언제까지 수입할 수 있을지 모르겠어요" 때문에 그는 장성군에서 국내산 두릅을 많이 심어 촉성재배의 대목으로 활용하는 방안을 찾고 있다.

김 대표는 귀농 작물 다양화를 위해 두릅 외에도 표고버섯을 재배하고 있다. "표고버섯도 소득작목으로 좋아요" 김 대표는 농사도 소득의 다양화가 필요하다고 했다.

김 대표는 귀농을 망설이는 예비 귀농인들에게 귀농을 적극 추천했다. "농촌에 오면 소득을 올릴 만한 작목이 많아요" 그는 농촌에 조금만 관심을 가지면 도시보다 더 많은 소득을 올릴 수 있다고 자신했다. "뭐든지 귀농하기 전에 예비로 살아 보는 지혜가 필요해요" 그도 여러 귀농인처럼 똑같은 조언을 했다. 귀농하기 전에 사전에 충분한 준비가 필요하다는 것이다. "적어도 귀농하면 어떤 작물을 재배할 것인지 정도는 준비해야 해요"

타이어 장사 접고
두릅 농부
시작한 이유

장동균
무안명품농원 대표

"귀농 대출은 이자가 저렴하지만 결국 갚아야 하는 빚이죠" 이런 대출에 현혹되지 말고 수익이 언제부터 나오는지 그 시점에 맞춰 대출을 받아야 한다고 장 대표는 조언했다.
— 2025년 10월 30일 인터뷰

그는 초기 투자 비용과 노동일수가 적다는 점을 최대 장점으로 꼽았다. 또 수입 작물이 아닌 데다 전국 동시 수확이 불가능해 가격의 변동성이 적은 것도 그의 선택에 큰 영향을 미쳤다. 2년 전 귀농한 전남 무안군 무안명품농원 장동균 대표가 귀농 작물로 두릅을 고른 이유다.

단풍이 물들기 시작한 2025년 10월 30일 만난 장 대표는 내년 두릅 재배 계획을 세우고 있었다. "지금부터 내년 농사를 준비해야 해요." 그는 산 아래에 있는 두릅밭이 올해 계속된 폭우로 물이 잘 빠지지 않아 제대로 성장하지 못한 두릅을 손으로 가리키면서 안타까운 마음을 감추지 못했다. 밭 고랑이 너무 길어 배수가 잘 되지 않는 문제점을 파악했다. 때문에 장 대표는 내년에 밭 중간 중간에 큰 배수로를 만들 계획이다.

귀농하면 결혼이 어렵지 않나요?

장 대표는 광주에서 10년간 타이어 가게를 운영했다. 타이어 가게는 갈수록 매출이 쑥쑥 올라 공간이 비좁았다. 그래서 규모를 확장했는데, 이게 화근이었다. 규모가 커지자 지출 비용도 크게 늘면서 빚이 늘어났다. 영업 전략을 바꾸고 씀씀이를 줄이면서 빚을 갚아나갔다. 얼마 후 빚은 다 갚았지만 손에 쥔 것은 거의 없었다.

그는 2024년 귀농을 결심했다. 장 대표는 광주에서 타이어 가게를 운영해 목돈을 모아서 나이 50이 되면 귀농을 하려고 마음먹었다. 일흔이 넘은 어머니가 당뇨로 병원을 오가야 하고 농사를 거의 짓지 못하기 때문이다. 장 대표는 귀농해 부모와 함께 살면서 어머니를 보살피고 부모 대신 농사를 짓고 싶었다.

타이어 가게의 매출 하락으로 그의 귀농이 6년 정도 앞당겨진 것이다. 귀농을 결심하면서 그가 고민한 것은 결혼이었다. "귀농하면 결혼은 어렵지 않나요?" 장 대표는 광주에 살면서 결혼해 귀농하고 싶었지만, 그게 뜻대로 되지 않았다.

그는 지난해 타이어 가게를 하면서 주말을 이용해 8,250㎡(2,500평)에 두릅을 심었다. 타이어 가게와 두릅 농사를 병행한 것이다. 올해 8월 타이어 가게를 정리하고 본격적인 두릅 농사에 뛰어들었다. 두릅 재배 면적도 2만6,400㎡(8,000평)로 늘렸다. 내년에는 4만2,900㎡(1만3,000평)로 확대할 계획이다.

두릅 재배의 큰 장점은 유통구조

장 대표가 귀농 작물로 두릅을 선택한 것은 10년 전이다. "전북 순창에 사는 지인이 두릅을 재배했는데, 그때 두릅의 좋은 점을 알았어요." 그는 귀농하면 두릅을 재배하겠다고 결심했다.

장 대표가 귀농한 무안군은 양파와 마늘, 양배추 주산지다. 이들 작물은 중국과 대만에서 들어오는 수입물량에 따라 가격이 해마다 출렁인다. 또 전국 모든 농가에서 이들 작물을 재배할 수 있어 연작 피해나 저장성의 한계로 큰 소득을 올리지 못한다.

농사를 짓는 부모 밑에서 이런 점을 경험한 그는 귀농하면 새로운 작물을 재배하고 싶었다. 그러다가 순창 지인을 만나 두릅의 장점을 보고 귀농 작물로 점 찍어 놓은 것이다.

최근 5년간 전국 농산물 도매시장의 경매 낙찰가를 분석한 결과

두릅 가격 변동은 거의 없었다. 또 전남 지역은 따뜻한 기후로 다른 지역보다 일찍 수확이 가능해 비싼 가격을 받을 수 있다. 두릅 재배의 큰 장점은 재배자에게 유리한 유통구조다. 농산물 중개 도매업자를 거치지 않고 바로 경매시장으로 직접 출하하거나 소비자와 직거래를 할 수 있다.

두릅의 소득은 얼마나 될까? 장 대표는 지난해와 올해 두 번의 수확을 했다. 그는 3월 말쯤 수확한 두릅을 서울 가락동 농수산물도매시장에 보내 1kg당 3만~4만 원을 받았다. 출하 시기 조정이 가능한 촉성재배로 2월쯤 생산할 경우 1kg당 6만~7만 원을 받을 수 있다. 그는 재배 초기인 올해만 2,000만 원가량의 매출을 올렸다.

장 대표의 두릅 소득 목표는 연매출 3억 원가량이다. 그는 지난해 독학으로 성공한 촉성재배에 기대를 걸고 있다. 올해 재배한 두릅의 목대로 촉성재배를 할 계획이다. "원순만 촉성재배하는 시험재배에서 만족할 만한 결과를 얻었어요" 그는 촉성재배와 봄과 여름에도 수확하는 품종을 개발해 4계절 내내 두릅을 재배하고 수확하는 프로젝트를 추진하고 있다. 전국에서 두릅이 많이 나오지 않는 시기에 두릅을 수확해 높은 가격을 받는 재배방법을 연구하고 있다.

무안의 두릅 박사

장 대표는 '두릅 박사'로 통한다. 조경업을 하는 아버지 밑에서 나무의 특성과 재배 방법을 경험으로 터득해 두릅 재배의 밑천을 가지고 있다. "두릅도 나무예요. 두릅 나무의 특성을 잘 알아야 돼요" 그는 이날도 농장을 찾은 예비 귀농인 윤 모 씨에게 종근 고르는 방법과 식재, 풀 제거, 수확 방법 등을 설명했다. 윤 씨처럼 올해만 500여 명이 장 대표의 농장을 방문했다. 두릅을 재배하려는 예비 귀농인들의 주된 질문은 소득이라고 한다. 얼마의 소득을 올릴 수 있는지가 예비 두릅 농사꾼의 최대 관심거리다. 그는 3.3㎡당 1만 원 이상의 매출이 가능하다고 알려준다.

두릅 재배 초보 농사꾼에게 장 대표는 배수로를 강조한다. 어떠한 경우에도 굴삭기를 이용해 물이 두둑으로 올라오지 못하게 깊고 넓게 고랑을 만들어야 한다는 것이다.

장 대표는 각종 매체와 인터넷은 물론 현장 방문을 통해 고사된 두릅과 수확량 등을 비교, 분석하고 실증하면서 자신만의 노하우를 터득했다. 그는 자신의 재배 노하우를 두릅 조합의 조합원들과 함께 나누면서 더 좋은 재배 방법을 찾고 있다.

장 대표는 두릅재배의 성패가 기후에 달렸다고 강조한다. 아무리 재배 방법이 좋아도 동해 등 이상기후가 나타나면 한 해 농사를 망

칠 수 밖에 없다고 했다. 이상기후를 이겨낼 수 있는 품종 개발이 시급한 이유다. 그는 지역마다 다른 기후와 토양에 알맞는 품종 개발에 정부 차원의 지원을 요구했다.

장 대표는 귀농인이 가장 경계해야 할 것으로 대출을 꼽았다. 귀농 후 곧바로 대출을 받아 수천만 원씩하는 농기계를 구입하거나 시설에 투자해서는 안 된다는 것이다. 어떤 작물이든 곧바로 수익을 보기는 어렵다. 때문에 처음부터 과도한 대출로 빚을 감당하지 못하고 귀농을 포기하는 경우가 있다. "귀농 대출은 이자가 저렴하지만 결국 갚아야 하는 빚이죠" 이런 대출에 현혹되지 말고 수익이 언제부터 나오는지 그 시점에 맞춰 대출을 받아야 한다고 장 대표는 조언했다.

예비 귀농인은 시행 착오를 거쳐야 한다는 게 장 대표의 지론이다. 그는 어떤 작물을 키울지 선택한 후 경작지를 확보하고 삶의 터전을 마련할 것을 예비 귀농인에게 당부했다. "완벽하지는 않더라도

3년 정도의 농사를 지어 보는 게 필요해요" 이 기간에는 소규모로 작물을 재배하면서 어떤 점이 문제가 되는지 소득은 되는지 등을 꼼꼼히 영농일지에 기록해 보라는 의미다. 이런 과정을 거쳐야 진정한 귀농인이 될 수 있다는 것이다.

"스스로 노력하고 연구하고 실천하는 것이죠" 장 대표가 말하는 귀농 성공 조건이다.

부록

예비 귀농인을 위한 귀농 정보

정부 귀농 지원 정책

우리나라 귀농귀촌 인구는 2023년 기준 41만3,773명이다. 인구의 채 1%도 되지 않는다.

귀농인은 농촌 외의 지역에서 농업 외의 산업분야에 종사한 자가 농업인이 되고자 농촌으로 이주해 주민등록법에 따른 전입신고를 마친 자를 말한다.

귀농인은 크게 농업 창업과 주택 구입·신축·증·개축할 때 정부의 지원을 받는다. 농업 창업은 영농기반과 농식품 제조·가공시설 신축이나 구입하려는 자가 지원 대상자다. 주택의 경우 지원을 받으려면 단독주택 및 부속건축물을 합한 연면적이 150㎡를 초과해서는 안 된다.

농업창업과 주택 구입자금의 대출 금리는 고정금리(연 2%)나 변동금리 중 선택할 수 있다. 상환 조건은 5년 거치 10년 원금 균등 분할이다. 농업창업 자금 대출한도는 세대당 3억 원이며, 주택의 경우 세대당 7,500만 원이다.

농업창업 주택 구입 자금 지원

청년농업인은 영농정착지원금과 창업자금, 기술·경영 교육과 컨설팅, 농지은행 사업 등을 연계해 다양한 지원을 받을 수 있다. 영농 초기 소득이 불안정한 청년 농업인은 최장 3년간 월 최대 110만 원의 영농정착지원금을 받는다.

청년농업인의 자격은 연령과 영농 경력, 병역, 거주지 등 모든 조건에 부합해야 한다. 청년농업인의 연령은 만 18세 이상에서 만 40

세 미만이다. 하지만 한국농수산대학교와 스마트팜 보육센터 등 장기교육 과정 수료자 등은 예외다. 영농 경력의 경우 독립경영예정자 및 독립경영 3년 이하일 경우에 해당된다. 병역필 또는 병역면제자이며, 사업 신청을 하는 시·군·광역시에 실제 거주해야 된다.

이런 조건을 갖췄더라도 사업자 등록을 하고 사업체를 경영하거나 공공기관 및 회사에 상근 직원으로 채용돼 매월 보수 또는 보수에 준하는 급여를 받고 있을 경우 대상에서 제외된다. 일정 수준 이상의 재산 및 소득이 있거나 고등학교·대학교 재학생과 휴학생도 청년농업인이 될 수 없다. 청년농업인이 되면 연리 1.5%의 창업자금을 세대당 최대 5억 원을 받아 5년 거치 20년 균등분할상환할 수 있다.

귀농교육은 농림축산식품부 농림수산식품교육문화정보원이 운영하는 그린대로(www.greendaero.go.kr)에서 자신에게 맞는 맞춤 교육을 받을 수 있다. 그린대로에 회원 가입하면 귀농귀촌 초기에는 귀농귀촌의 개념과 과정, 현장을 이해하고 체계적으로 준비할 수 있는 과정별 프로그램에 참여할 수 있다. 기본공통과정은 일반과 2030, 여성의 3개 과정이 있으며, 교육인정시간은 12시간이다. 유형특화과정은 귀촌형과 귀농형의 두 유형이 있다.

전남도 귀농정책

전남 지역은 청년이 떠나지만 은퇴 세대가 정착하면서 중장년층의 유입이 늘고 있는 추세를 보이고 있다. 뛰어난 자연환경과 맞춤형 귀농정책, 저렴한 생활비 등 정주여건이 갖춰지면서 인생 2막을 꿈꾸는 무대로 주목을 받고 있다.

국회미래연구원이 2025년 10월 발표한 '인구감소지역의 새로운 기회 요인 탐색:중장년층 유입과 발전방안'의 자료를 보면 2023년 50~64세 중장년층 2,570가구가 전남 16개 군 지역으로 생활터전을 옮겼다. 청년층은 교육과 취업기회를 찾아 도시로 떠나지만 중장년층은 자연을 찾아 전남의 농촌생활을 선택하고 있는 것이다.

이 같은 중장년층의 유입은 인구 증가로 이어졌다. 2023년 전남에서 중장년층의 인구 유입이 가장 많은 지역은 전남 고흥이다. 2021년 이후 인구 감소세의 둔화를 보인 고흥군은 최근 5년간 매년 300~400명의 중장년층이 유입되고 있다.

꾸준한 귀농 정책 중장년층 유입 효과

중장년층의 전남 지역 유입은 전남도의 꾸준한 귀농정책이 큰 역할을 했다. 전남의 대표적인 귀농정책은 전남에서 살아 보기다. 귀농을 희망하는 도시민이 농촌에 살면서 일자리와 영농 활동을 체험하고 지역민과의 유대강화를 통해 최종적으로 귀농 여부를 판단하는 데 도움을 주는 정책이다.

2019년부터 시작된 전남에서 살아 보기는 2025년 18개 시군 31곳에서 시행됐다. 도시민들은 2~3개월간 농촌체험마을에 살면서 우수농장을 견학하거나 농작업 근로, 농촌단기 일자리에 참여한다. 참가자는 매월 1인당 30만 원의 지원을 받는다. 2019~2024년까지 6년간 2,778명이 참가해 466명(16.8%)이 실제 귀농하는 실적을 올렸다.

전남도청

    도시 거주자가 도시에 살면서 정기적으로 농촌지역에 체류해 지역주민과 교류하는 두 지역 살아 보기 정책도 눈에 띈다. 2024년 전남 고흥과 영암에 이어 2025년 신안에서 이 사업이 시행됐다. 이 사업에 선정된 지자체는 빈집 등 유휴시설을 개축하거나 리모델링해 거주공간을 마련한다. 참여자는 지역명소를 탐방하고 지역주민과 교류 프로그램을 통해 귀농생활을 체험한다.
    전남도는 귀농인과 지역주민 간 공동체 문화확산을 위해 어울림 마을을 조성하고 있다. 사업 대상은 귀농인 가구가 포함된 마을이며, 이들을 대상으로 상호 공감 프로그램·멘토메티 결성·재능기부 등의 융화프로그램을 운영한다.
    전남도는 귀농 희망자들을 대상으로 장기간 머물면서 귀농을 준비할 수 있는 체류형 지원센터를 운영하고 있다. 2026년 12월까지 전남 장성군 북이면에 지원센터가 운영된다. 귀농하기 전에 영농기술교육과 실습을 통해 귀농 후에 겪는 시행 착오를 줄이기 위해 마련된 곳이다. 귀농 희망자들은 이곳에서 3~10개월간 거주하면서 영농기술은 물론 농촌 생활방식, 농지·주택 정보 등을 종합적으로 얻을 수 있다. 이 센터에는 숙소와 교육시설, 실습농장, 시설하우스, 텃밭 등을 갖추고 있다.

전남에서 살아 보기 인기

2017년부터 시작한 체류형 지원센터는 구례와 고흥, 강진, 함평, 해남에서 운영해 904명이 수료를 했다. 수료생 가운데 58%인 525명이 전입신고를 마치고 귀농했다.

수도권에서 귀농을 희망한다면 전남도가 운영하는 귀농 종합지원 서울센터를 이용해 볼만하다. 전남도 중소기업일자리경제진흥원이 위탁 운영하는 서울센터에서는 귀농 홍보와 교육, 연계사업 등 귀농과 관련한 종합적인 정보를 얻을 수 있다.

전남도는 귀농인을 대상으로 창업 초기 자금을 지원하는 창업활성화 지원사업을 추진하고 있다. 만 18~65세의 전남도내 전입 5년 이내 귀농이 지원 대상이다. 1인당 2,000만 원 한도 내의 창업자금을 지원받아 맞춤형 컨설팅과 기반 구축, 기술 지원, 맞춤형 제품개발, 인증비, 홍보 등에 사용할 수 있다.

전남도는 귀농인의 안정적인 귀농정착을 위해 다양한 지원 사업을 펼치고 있다. 귀농인과 재촌비농업인, 귀농희망자는 영농기반 구축과 농식품제조·가공시설 신축·보수에 필요한 귀농인 창업자금을 지원받을 수 있다. 3억 원 이내 연리 2%, 5년 거치 10년 균등분할상환 조건이다. 이들은 또 7,500만 원 이내에서 주택 구입과 신축자금을 받을 수 있다.

한국농어촌공사 귀농 지원 사업

한국농어촌공사가 하는 일 가운데 귀농과 관련된 사업은 농지은행이다. 농지은행은 농사를 지을 수 없는 고령농이나 자경 곤란자, 이농자, 상속자 등이 소유한 농지를 매입하거나 임차해 농지가 필요한 청년농이나 창업농에게 임차를 해 주는 사업이다. 1990년 954억 원의 농지규모화 사업으로 시작된 농지은행은 2025년 7개 사업 1조 6,336억 원으로 확대됐다.

청년농에 농지은행 활용 가치

농지은행의 사회적 가치는 식량공급 기반관리와 농촌 일자리 창출, 사회적 약자 배려 등이 있다. 식량공급 기반관리는 임대 수탁사업과 농지매입비축사업, 농지규모화 사업을 통해 유량 농지 보전관리와 경자유전, 농산물 수급 조절의 기능을 하고 있다. 농촌 일자리 창출은 맞춤형농지지원사업과 경영회생지원사업으로 미래 농업인력양성과 위기 농가 경영회생, 청년농업인 정착지원에 도움을 주고 있다. 사회적 약자 배려는 농지연금사업과 경영이양직불사업 지원으로 복지사각지대 해소와 고령농 소득확충, 은퇴 후 생활안전망을 강화하고 있다.

한국농어촌공사

　맞춤형 농지지원사업을 보면 공공임대용 농지매입을 하고 있다. 농어촌공사가 매입한 농지를 청년농 등에 장기 임대해 농지이용구조개선을 촉진하고 농지시장의 안정에 기여하고 있다. 농어촌공사가 고령과 질병 등으로 농업이 어려운 농업인 등의 농지를 매입해 전업농육성 대상자에게 임대하는 것이다. 대상 농지는 진흥지역 내의 논과 밭, 진흥지역 밖의 경지정리된 논이나 밭기반 정비사업이 완료된 밭으로 1,000㎡ 이상 면적이다. 매입 가격은 감정평가 금액이며, 지역과 지목에 따라 매입상한단가를 차등 적용한다.

　임대 대상자는 청년후계농과 2030세대에게 우선 지원하고 임대기간은 5년이다. 5년 단위로 평가해 재임대를 결정한다. 임대료는 해당 지역 농지 평균을 적용한다. 2023년 기준 평균 ha당 57만 원이며, 타작물 재배시 80만 원 감면된다. 지원한도는 최대 6ha이다.

　농어촌공사는 자연재해 등으로 생산성이 저하된 공공임대용, 경영회생지원 매입농지를 복구해 임대하는 훼손농지 복구제도를 운영하고 있다.

농어촌공사는 2024년 말까지 5조6,000억 원을 들여 1만6,000ha의 농지를 매입해 3만 농가에 2만6,000ha의 농지(중복 포함)를 지원했다.

농어촌공사는 농지 규모화와 집단화를 위해 농지매매와 임차 임대, 교환분합 사업을 한다. 농지매매는 비농업인과 직업전환, 은퇴농 등의 농지를 매입해 영농규모를 확대하고자 하는 전업농육성대상자에게 매도하는 사업이다. 대상농지는 진흥지역 안의 논과 밭이나 진흥지역 밖의 경지 정리된 논이나 밭기반정비사업이 완료된 밭으로 1,000㎡ 이상이다. 지원 단가는 일반농의 경우 3.3㎡당 4만3,000원이다. 농지취득 이력이 없는 만 55세 이하의 생애 첫 농지취득자와 청년농은 농지취득과 관계없이 3.3㎡당 12만7,000원을 지원한다.

청년농에 대규모 스마트팜 창업단지 조성

농어촌공사는 이농과 은퇴하려는 농업인의 농지를 매입해 전업농육성대상자 등에게 장기임대하는 임차임대 사업을 한다. 임차 대상자는 60세 이상 자경 5년 이상 농지소유자와 영농규모 축소 희망농이 대상이다. 대상 농지는 농어촌 지역 안의 논·밭이며, 농가는 5~10년간 임대료를 균등 분할 납부하면 된다. 농어촌공사는 2024년 말까지 24만3,000농가에 7조9,000억 원을 지원해 18만3,000ha의 농지를 규모화하는 실적을 쌓았다.

농어촌공사는 청년농을 대상으로 선임대 후매도하는 사업을 추진하고 있다. 청년농이 영농을 희망하는 농지를 선택해 매입을 전제로 임차해 안정적인 영농환경을 조성하기 위해 벌이는 사업이다. 농어촌공사는 청년농이 희망하는 농지를 매입해 임대하고 임대기간 중 원금을 납부하거나 완납하면 소유권을 이전해 준다. 지원대상은 39세 이하 농업인이며, 청년 후계농으로 선정된 후 5년을 초과하지 않은 경우만 지원한다. 임대기간은 10~30년이며, 임대료는 표준 임대자료의 50% 수준이다.

농어촌공사는 청년농에게 대규모 스마트팜 창업단지를 조성하는 사업을 하고 있다. 생산기반을 정비한 농지를 농업법인과 청년농에 매각해 영농 규모화를 꾀하고 있다. 연리 1%의 원금을 10년간 균등분할 상환하는 조건이다. 농업법인은 청년농 사업을 할 수 있도록 매입 부지의 15% 이상을 지자체에 기부채납해야 한다.

농어촌공사는 비축농지 임대형 스마트사업을 추진하고 있다. 공공임대용 비축농지에 스마트팜 시설을 설치해 스마트팜 영농을 희망하는 청년농에게 장기임대하는 것으로 영농정착과 소득증대에 기여하고 있다. 사업규모는 스마트팜 한 곳당 0.5ha 수준이다. 지원 대상은 스마트팜 교육을 이수한 18~39세 청년농업인이다. 임대 조건은 10년간 임대이지만 기간 만료시 평가를 거쳐 최장 10년간 재임대가 가능하다. 2023년 신규사업으로 추진한 임대형 스마트팜 사업은 청년 농업인의 스마트팜 영농 지원으로 영농정착과 소득증대에 기여했다.

농어촌공사는 농어촌의 주거환경을 개선하는 취약지역생활여건

개조 사업을 하고 있다. 이 사업의 재원은 균형발전특별회계로 농어촌 지구당 20억 원 이내 지원한다. 사업규모는 국비 기준 이내에서 가구 수와 사업 내용에 따라 탄력적으로 조정이 가능하다. 생활과 위생 인프라, 안전관련 사업의 경우 국고로 80%까지 지원한다.

aT(한국농수산식품유통공사) 귀농 지원 사업

귀농인이 농사를 지으면 가장 큰 고민은 판로다. 농산물을 판매하지 못하면 수익을 낼 수 없다. 때문에 귀농인들은 어떻게 판매처를 확보할 것인지가 가장 큰 고민거리다. aT의 농수산물 온라인도매시장(KAFB2B)의 플랫폼을 활용하는 것도 좋은 방법이다.

aT의 농수산물 온라인도매시장은 2023년 11월 개설됐다. 오프라인 거래 주체가 시공간을 벗어나 자유롭게 거래에 참여할 수 있는 플랫폼 기반의 전국 단위 도매시장이다. 직접 판매자인 산지 조직과 직접 구매자인 소비지의 대량 수요처가 직접 거래하거나 중도매인을 이용하는 방법이다. 오프라인 도매시장에서는 도매시장 반입과 하역, 경매, 중도매인 점포 이동, 소비지 배송의 절차를 거쳐야 한다. 하지만 온라인 도매시장의 경우 판매자는 구매자가 원하는 장소에 바로 배달이 가능해 많은 유통 단계를 줄일 수 있다. 산지에서 소매상을 거쳐 소비자에게 바로 배송된다. 누구나 플랫폼에서 거래를 체결한 후 소비지로 직접 배송하는 온라인 거래 중심의 유통 구조라는 얘기다.

aT(한국농수산식품유통공사)

귀농인들에 온라인 도매 시장 플랫폼 활용 인기

기존 도매시장에서 특정 업체 간 물건을 사고 파는 거래 방식에서 뒤따르는 물류 비효율과 경쟁제한 등 한계점을 극복할 수 있다.

aT는 더 많은 농업인과 유통인이 참여할 수 있도록 판매자 가입 요건을 완화하고 이용자 대상 맞춤형 바우처를 제공하고 있다. 농업인의 가격결정 참여 확대를 위해 다양한 거래방식을 도입했다. 2026년에는 경매·역경매 기능을 도입하고 2029년에는 다품목·소량 거래 체계를 구축할 계획이다. 소비지와 원활한 거래 연계를 위해 거래중개인을 육성하고 있다. 판매자와 구매자 시스템 적응 지원과 농가 기술지도 등 산지관리, 분쟁조정 지원이 그것이다.

성과 경영을 위해 온라인 도매시장의 전문 운영 주체를 육성하고 있다. 독립 법인화 추진 등 중장기 온라인도매시장 운영 구조개선 방안을 2026년 상반기까지 마련할 방침이다.

aT는 물류 효율화를 위한 온라인 거래 전용 농산물 특화 물류 체인을 구축했다. 물류 체인은 온라인 사전거래 정보 기반 상품 구색과 통합 배송 등 서비스를 제공하는 물류 거점이다. 2026년부터 개별 배송 대비 비용을 절감하는 공동 배송장 운영을 우선 추진할 계획이다. 또 비축 기지와 지방 도매시장 기능 전환을 통한 단계적 확대를 검토하고 있다.

온라인 도매시장에서 거래가 가능 품목은 281개다. 농산물 134개를 비롯해 축산물 6개, 수산물 123개, 화훼 3개다. 청과는 마늘과 양파, 대파, 배추, 상추, 사과, 배, 포도 등이다. 축산은 계란과 돼지고기, 소고기, 닭고기이며, 양곡은 쌀과 찹쌀, 현미, 보리, 밀, 옥수수, 콩 등이다. 향후 이용 주체들의 수용에 맞춰 거래 품목을 확대할 방침이다.

온라인 도매시장의 수수료는 오프라인 도매시장보다 저렴하다. 판매자가 시장운영자에게 내는 플랫폼 이용수수료는 0.3%로 오프라인(0.5%)보다 싸며, 2026년까지 초기 3년간은 면제다. 위탁방식으로 거래되는 경우 출하자가 위탁 판매자에게 납부하는 위탁수수료는 최대 5%로 오프라인 최대 7%보다 2%가 더 저렴하다. 플레이스토어나 앱스토어에서 온라인도매시장을 검색해 들어오거나 홈페이지(www.kafb2b.co.kr)를 이용하면 된다.

귀농, 희망을 심다
흙을 선택한 사람들

초판1쇄 찍은 날 | 2025년 12월 5일
초판1쇄 펴낸 날 | 2025년 12월 10일

지은이 | 한현묵
펴낸이 | 송광룡
펴낸곳 | 도서출판 심미안
등록 | 2003년 3월 13일 제05-01-0268호
주소 | 61489 광주광역시 동구 천변우로 487(학동) 2층
전화 | 062-651-6968
팩스 | 062-651-9690
전자우편 | simmian21@daum.net
블로그 | blog.naver.com/munhakdlesimmian

ISBN 978-89-6381-476-6 03800

• 잘못된 책은 바꿔드립니다.
• 이 책 내용의 전부 또는 일부를 재사용하려면
  반드시 저작권자와 심미안의 동의를 받아야 합니다.
• 책값은 뒤표지에 표시되어 있습니다.